师父教我吃川菜

HOW TO TASTE SICHUAN CUISINE:
LEARNING FROM MASTER

李作民 著

四川文艺出版社

图书在版编目（CIP）数据

师父教我吃川菜 / 李作民著. -- 成都 : 四川文艺出版社，
2022.4（2024.7重印）

ISBN 978-7-5411-6316-6

Ⅰ.①师… Ⅱ.①李… Ⅲ.①川菜—菜谱 Ⅳ.①TS972.182.71

中国版本图书馆CIP数据核字（2022）第051385号

SHIFU JIAOWO CHI CHUANCAI

师父教我吃川菜

李作民　著

出 品 人	冯　静
责任编辑	王思鈜
内文设计	杜婉怡　史小燕
封面设计	杜婉怡　赵海月
图片摄影	蔡名雄
责任校对	段　敏
责任印制	喻　辉

出版发行　四川文艺出版社（成都市锦江区三色路238号）
网　　址　www.scwys.com
电　　话　028-86361797（发行部）　028-86361781（编辑部）

排　　版　四川胜翔数码印务设计有限公司
印　　刷　四川华龙印务有限公司
成品尺寸　169mm×239mm　　　开　本　16开
印　　张　21　　　　　　　　　字　数　300千
版　　次　2022年4月第一版　　　印　次　2024年7月第三次印刷
书　　号　ISBN 978-7-5411-6316-6
定　　价　86.00元

目录
CONTENT

吃出川菜的滋味（代序）   / 004

大师风范

我的师父王开发   / 008
"川菜百科全书"胡廉泉   / 030

脍炙人口

回锅肉——川菜第一菜   / 046
宫保鸡丁——你真的会吃吗？   / 055
夫妻肺片——被误解了的"肺片"   / 064
麻婆豆腐——下饭神器   / 073

传奇料理

开水白菜——清水出芙蓉   / 084
雪花鸡淖——川菜中的分子料理   / 091
神仙鸭——此物只应天上有   / 099
竹荪素烩——素菜的饕餮盛宴   / 106
坛子肉——川菜中的佛跳墙   / 114

奇滋妙味

怪味棒棒鸡——从走街串巷到登堂入室　　　/ 122

蒜泥白肉——蒜泥味型的开创者　　　/ 130

干烧岩鲤——复合味型的极致　　　/ 136

香花鱼丝——川菜的风花雪月　　　/ 144

回锅甜烧白——川菜第一甜品　　　/ 151

苕菜狮子头——不一样的狮子头　　　/ 159

精湛绝技

竹荪肝膏汤——几近失传的功夫菜　　　/ 168

菠饺鱼肚卷——菜点合一　　　/ 176

口袋豆腐——代代相传　　　/ 183

芙蓉鸡片——芙蓉城里说芙蓉　　　/ 191

牛头方——方寸之间见功夫　　　/ 199

"水煮"不只牛肉——食材与技艺的绝妙碰撞　　　/ 207

家常不平常

烧椒皮蛋——妈妈的味道　　　/ 216

鱼香茄盒——粗菜细做　　　/ 221

蚂蚁上树——你吃的可能是烂肉粉条？　　　/ 228

鱼香肉丝——"鱼香"而无鱼　　　/ 234

佐酒佳肴

干煸鱿鱼丝——最佳下酒菜　　　　　　/ 244

牛肉干——香辣相成　　　　　　　　　/ 252

陈皮兔丁——解馋又下酒　　　　　　　/ 258

灯影鱼片——妙趣横生　　　　　　　　/ 264

粗材精做

舍不得——变废为宝　　　　　　　　　/ 272

软炸扳指——对于肥肠的最高褒奖　　　/ 277

网油腰卷——烟火气中的奇香料理　　　/ 285

豆渣鸭脯——弄拙成巧　　　　　　　　/ 293

蹄燕——晶莹剔透赛燕窝　　　　　　　/ 300

百变滋味

调味品——味道魔法师　　　　　　　　/ 308

附：古法拜师今又现，"荣派"川菜元老
　　王开发收关门弟子　　　　　　　　/ 330

参考文献　　　　　　　　　　　　　　/ 333

吃出川菜的滋味（代序）

当代著名文化博物学家龚鹏程先生曾经说过，中国饮食菜肴发展的逻辑核心是"味"。

对味道精益求精的追求使华夏饮食文化的发展大大不同于讲求进食环境和宴饮氛围的欧洲贵族传统。一餐下来，欧洲老贵族们吃得文雅、风流、高贵，声名显扬，风度翩翩，但是是否真的满足了口腹之欲，吃得大快朵颐，身心舒畅则似乎不在关怀讨论之列。

中华饮食菜系庞大，但作为中华饮食浩浩荡荡的谱系灵魂的，正是对各种各样"滋味"的追求。大家知道，孔子当年就已经"食不厌精，脍不厌细"了，"知味""至味"之论在诸子各家论食的文献中也已经不断出现。南北朝时期，起源于饮食品鉴的"滋味"说竟成为一种对诗文、对艺术的品评方式了。

须知，饮食是要天天吃的，只要没有别的怪毛病，味蕾的刺激是天天都需要的——那可是几千年呢。在那么长的时间之内，庖厨大师们代代创新、传承，到今天，毫无疑问已经是高度地精益求精，极尽精妙而蔚为大观了。而且同样毫无疑问的是，中华饮食对"味"的探索是一条永恒向前的河流，八大菜系中每一个有生命力的菜系，都会在各个时代不断地返本开新，生生不息地创造着自己的过去、今天和未来。

说到各个菜系"滋味"的当代创造，普通人最关心的是今天已经演进到哪里来了？都有些什么样的味道？什么样的做法是此一菜系在当前时代的标志性菜品？我们平常人家是不是也可以尝一尝，做一做……稍加分析，我们就可以看出，普通民众所关心的标志性菜品应该有三大特征：

1.经典性——它是这一菜系的经典，比如鲁菜、粤菜或川菜的经典菜品；

2. 创新性——它是经典但又赋予了创新，具有鲜明的时代口感，能够普遍击中当代人的口腹之欲，食之能畅快过瘾；

3. 普遍性——它是家常的、普遍的口味，不必非得高档宴会，是老百姓日常生活中喜乐食用的菜品。

实际上，要达到这三大标准是不容易的。它要求：第一，菜品须出自当代大师之手；第二，传承的方法必须让学习者易学易懂；第三，菜品所用的食材须是普遍可得的家常食材，就是说，菜谱所传的内容具有普遍的可适用性。

一言以蔽之，这三点，正是这本《师父教我吃川菜》的价值之所在。

首先，本书菜品及做法全部来自川菜大师王开发（也就是我的师父）的讲授，再加上"川菜百科全书"胡廉泉先生对其菜肴的历史及故事的补充，以及原《四川烹饪》杂志总编王旭东先生的指正。

我的师父是非物质文化遗产"川菜烹饪技艺"首批代表性传承人，中国首批注册元老级烹饪大师中仅存的三位川菜大师之一。1980年拜张松云为师。1982年被派往美国纽约荣乐园工作，后任厨师长。1988年回国，在饮食公司技术培训科任技术教师，参与20世纪90年代川菜厨师的技术培训和从三级到特一级厨师的技术培训和考核，任培训技术教师和考核评委。1997年受聘为沙湾会展中心的首任行政总厨。师父年轻学厨，基本功相当扎实，在齐鲁食堂就精通红白两案，在荣乐园又熟练掌握了传统川菜的制作精华，刀工更是享誉业内，被称为"王飞刀"。

师父著有《新潮川菜》（1994年）和《精品川菜》（2002年）两本书。其弟子众多，其中很多是在川菜领域里造诣不凡的师兄。师父坚持川菜传统经典结合现代社会饮食理念，传承发扬传统川菜，创立了以师爷名字命名的"松云"门派。2016年师父与川菜众多老师傅一起共同创立了"川菜老师傅传统技艺研习会"并被推选为创始会长。2017年10月，师父联手弟子张元富，共同开办的"松云泽"包席馆，为传统川菜的传承搭起了平台。

2021年11月，四川省文化旅游厅确定王开发、张中尤、卢朝华等十人为国家级非物质文化遗产"川菜烹饪技艺"代表性传承人。

自拜师后，我一直在琢磨"川菜的口述历史"，想着即使花费十年甚至更长的时间来做这件事都是值得的。这几年在与师父共同探讨和筹备的过程中，不知不觉先有了这几十道师父亲自讲述的传统经典川菜。于是，提前集结成册，相当于"川菜口述历史"的一个副产品，以飨读者。

其次，为了避免四川方言阅读上的不便，本书尽量使用书面语言。文字力求灵活、生动、新鲜、有现场感，避免传统菜谱书系的呆板语述，并配以相应菜品图片，使经典菜品的做法能够普遍被理解，有声有色地传布在普通老百姓的日常生活之中。

最后，食材、做法具有通用性标准。全书以菜品为中心，每菜一品，从主材、刀工、调料到火候、色泽、工序，诸多环节、标准详尽具体，丝丝入扣，极富可操作性。

从根本上看，"滋味"当然是从做法而来的。本书最显著的特征就是详尽生动而专讲做法。在几十道菜的烹饪讲解之后，本书还附有当代川菜专有的调料种类及用法指要。这样，易懂易学的菜肴做法口述实录，几乎可称得上是当前还健在的川菜大师独家倾囊相授了。

现在，我们就从这里开始，边学边做边吃，一起吃出川菜的滋味来如何？

李作民

2022 年 3 月 18 日

大师风范

师父教我吃川菜

HOW TO TASTE SICHUAN CUISINE:
LEARNING FROM MASTER

我的师父王开发

王开发（2020年摄于家中）

王开发，国家非物质文化遗产"川菜烹饪技艺"首批代表性传承人、中国首批注册"元老级烹饪大师"中仅存的三位川菜大师之一、川菜老师傅传统技艺研习会创始会长、中国烹饪协会授予的首批"中国烹饪大师名人堂尊师"中唯一的川菜大师。他就是我引以为豪的师父。师父这一生可谓硕果累累，桃李天下，用"川菜泰斗"来形容也不为过。

出　生

时光回到1945年2月28日，成都梵音寺街，一名男婴在一户从事铜艺作坊的人家诞生，他就是我的师父王开发。中华人民共和国成立后，铜被列为

1972年夏天，王开发和舅舅周海秋先生（摄于成都猛追湾）

"战略物资"，师父的父母由铜艺制作转行为做小生意以维持生计。

1960年的一天，舅舅跟母亲说，他得到了一个到重庆学厨的内推名额，可以从自己的亲属里选一人去学厨。母亲问及师父，师父表示不感兴趣。

师父的舅舅周海秋，师承川菜宗师蓝光鉴，先后在成都荣乐园、重庆白玫瑰、姑姑筵、颐之时等餐馆司厨；20世纪50年代曾为溥仪做过菜，溥仪对他烹饪的"红烧熊掌"赞不绝口，还亲自向他敬酒；他还曾为陆军一级上将、四川军阀刘湘料理家庭膳食。虽然舅舅是一代名厨，师父从小跟着舅舅耳濡目染，但当时却没有学厨的兴趣，于是拒绝了舅舅的好意。

谁知一年后，师父还是阴差阳错地进入了饮食业，到齐鲁食堂做学徒，成了一名厨师，并终生以此为业。

师父每每回忆起小时候的这段机缘都会感叹："这些都是缘分呀。你看当时没有跟着舅舅去学厨，后来还是进入了厨师行业；舅舅是蓝光鉴先生的徒弟，后来我又跟着蓝光鉴的徒弟即我的师父张松云学厨，成为了'荣派'的第二代传人。"

从齐鲁食堂到荣乐园

位于提督西街的齐鲁食堂是20世纪六七十年代成都唯一的一家山东风味餐馆，师父在那里打下了扎实的基本功，凉菜、墩子、炉子、面点等活路样样都能独当一面。同时师父练得一手好刀法，与当时同在齐鲁食堂的曾广谊、钱寿彭两位师兄弟，并称为"三把刀"。

那时候，早上到店最早的通常是王开发、曾广谊、钱寿彭三人。每当肉一送到店里，他们便要抢着拿肉。只有到店早才能抢到更多的肉，才可以多切多练。抢到肉之后，剔骨、分料、切肉，所有动作一气呵成。当时一般厨师都是用的推刀法，他们则跟王瑞祥师傅（山东厨师，王开发学厨的启蒙老师）学的拖刀法，拖刀刀法动作快，好看，效率高。

齐鲁食堂的学徒生活为师父的厨艺打下了坚实的基础，而师父对于司厨的信心则是在荣乐园建立起的。

荣乐园，成都著名餐厅，创办于1911年，是中国近代川菜的发源地之一。创办人为名厨戚乐斋、蓝光鉴师叔侄二人。荣乐园以制作高级筵席和家庭风味菜肴见长，著名菜式有红烧熊掌、葱烧鹿筋、清汤鸽蛋燕菜、干烧鱼翅、酸辣海参、虫草鸭子等，成菜也有独到之处。各种汤菜的制作也十分讲究，品类繁多，颇有特色。

荣乐园在近代川菜的发展史上占有独特的地位。它为继承发扬川菜烹饪技艺做出了积极的贡献，还为川菜行业培养出一大批优秀烹饪技术人才，被业界称为"川菜的黄埔军校"，如成都的特级厨师张松云、刘笃云、孔道生、曾国华、华兴昌、毛齐成、陈廷新、曾其昌等均为其嫡传或再传弟子。1971年以后，荣乐园又成为成都市饮食公司的重要技术培训基地，几十年来，培养了大量的优秀厨师，分布于四川各地，特别是成都。

师父第一次到荣乐园是1976年11月，那时荣乐园的名字还是"红旗餐厅"（1980年改为荣乐园）。而师父去那里的机缘是因为成都市饮食公司派他参加"七二一工人大学"培训学习，学习地点正是红旗餐厅。

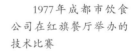
1977年成都市饮食公司在红旗餐厅举办的技术比赛

"七二一工人大学"刀工比赛第一名

那时候，荣乐园的老师傅大多年事已高，基本上不再亲自操作示范，而是由年轻学员来实际操作，他们只负责讲解点评。所以，当老师傅们讲解菜肴的时候，师父总是踊跃争取上灶操作："张大爷，我来哇！""孔大爷，我来哇！""华大爷，我来哇！"这样每次操作可以得到老师傅的指点，厨艺提高更快。

在《四川烹饪》杂志工作三十多年的王旭东先生不仅见证了川菜近几十年的发展与变化，还为川菜烹饪事业的传播和发展做了大量的工作，因此，他很有发言权："大爷们见王开发基本功扎实，比较灵醒，又肯做事。他没有一来就说自己是周海秋的侄娃子，而是老老实实抢着干活，再加上华兴昌（华大爷）与周海秋是连襟关系，所以，大爷们也喜欢将身上的真本事传授给他。"从这个角度来说，师父的技术不是只在一个师傅身上学到的，而是从多位"大爷"身上学到的。

培训期间，饮食公司举办了一次学员的刀工比赛，师父也是参赛者。"每人一片猪（半头），要把骨头下完，排骨、腿等切割下来，旁边还有人计时。我下刀没多久扭头一看，发现旁边的人都开始下后腿了，赶紧加快速度。等我弄完一看，旁边的人还在做，紧张的心终于放下来。"师父在那次刀工比赛中，以两分十七秒的成绩荣获第一名。

一年以后，师父从"七二一工人大学"毕业，不久后正式调入红旗餐厅。

拜师张松云

师父再次回到红旗餐厅后，对师父帮助和支持最大的就是师爷张松云。

张松云，十四岁进入荣乐园，师从名厨蓝光鉴。曾先后在成都大安食堂、重庆白玫瑰、成都耀华餐厅、成都餐厅、玉龙餐厅等著名餐馆司厨。中华人民共和国成立后，他经常到成都金牛宾馆为来蓉视察的党和国家领导人司厨并多次参与大型宴会的菜品制作。他技术全面，除擅长山珍海味的制作

1980年张松云与王开发签订的师徒合同

外，制作的家常风味也很有特色，如坛子肉、南边鸭子、酸辣海参、软炸鸡糕、家常鱼面、口蘑舌掌等都是他的拿手之作。1959年他与孔道生等人口述、经人整理后出版了《四川满汉全席》一书。

师父回忆起他刚到荣乐园的时候，张大爷已近八十岁了，每天仍会来厨房看看。"他的墩子摆在最前面，没有人指望他切菜，但还是会给他准备好以示尊重。到了饭点，张大爷就会摸出四角钱买一张荣乐园的菜票，然后说'小王，给我炒份盐煎肉'。我把肉抓好，炉子旁边本来站了六个人，这个时候一个都不在了，都害怕给张大爷炒菜，怕炒不好挨骂。只有我不怕，有时炒好端上去他就会说'你看你今天炒的啥子，水汽都没收干'。"师父说，虽然那时候经常挨师爷和其他老师傅骂，但心里是有底的，因为他知道这是老师傅们在教他，骂是对他的技术指导和严格要求，"老师傅骂听着就是了，我自己用心听、用心学才是硬道理"。师父正是在这样的骂声中体会技术要领，逐步提高厨艺，从中学到很多传统菜肴。

1980年5月，师父正式拜张松云先生为师。拜师之后师父跟着师爷学到了许多高端筵席菜肴的做法，烹饪技艺进一步提升。很多传统名肴师父之前听都没有听过，其中师父后来最喜欢做的蹄燕羹也都是跟着师爷学的。

1980年，张松云（中）和王开发（右一）在厨房

1981年，张松云（左四）、曾国华（左三）、杨孝成（右二）、王开发（左一）在成都望江公园合影。

1980年，王开发（右）与李泽勇（左）在荣乐园（骡马市）合影。

1980年，红旗餐厅名字正式恢复为"荣乐园"，师父因为潜心学习各位老师傅的烹饪技艺，技术过硬，被任命为厨师长。

1982年春，师爷张松云先生以八十二岁高龄去世。师父说，从正式拜师到师爷离世，虽然只有短短两年的时间，但师爷对他的关爱他仍然感念至今。师父还说，以前最喜欢听师爷说"开发，来做"这四个字，听到这四个字，心中就充满了温暖。因为师父深知："喊我做实际上是抬举我，不喊我做，我可能永远都是懵懵懂懂的。自己上手去做了，师父一指点，才明白其中的原理。"如今，只能在回忆里去重温这份温暖了。现在师父的家庭相册里，还保留有很多师父和师兄弟们与师爷的合影。

承担《中国名菜集锦》荣乐园菜品制作

创刊于1916年9月的日本《主妇之友》，以登载烹饪、裁缝、育儿等生活实用性内容著称，备受日本女性读者的青睐，是日本四大女性杂志之一。20世纪80年代初，"主妇之友"杂志社出版了一套名为《中国名菜集锦》的图谱，其中荣乐园部分的菜品制作大多由师父承担。

当我在师父家里看到这套菜谱的时候，师父讲："荣乐园菜品的制作，主要是由几个大爷定菜名，其中的香花鱼丝、包烧鸡等八道菜都是由我来制作完成的。你看，照片上的我正在烤鸡。当时，这个事情省上很重视。要求各个地方先把菜名报上去，报完菜名还要想咋配餐具。我记得，当时我们还到省、市博物馆里借了家具和盘子，都是些古董啊，咋个不精美嘛！"

"你看，香花鱼丝里的香花都是假的嘛，那个时节恰好没有花，我就用土豆雕的花。"图片上栩栩如生的香花如不细看还真看不出有什么破绽，这让人惊叹师父的高超雕工。

"1983年第一次出版的《中国名菜集锦》共有九卷，我们四川就占了两卷。这套菜谱图片极尽精美，在日本售价12万8千日元一套，在中国售价1800元一套，对于那个年代来说堪称天价！"王旭东先生对这件事记忆犹新。

如今，翻看这些精美的川菜图片，在感慨于菜肴与图片的精美之时，又不免有些悲哀，因为图册上的一些经典菜已失传，成为绝唱。

　　1981年日本"主妇之友"杂志社在峨眉山拍摄时的留影。胡廉泉（中）、张彬（右）、王开发（左）。

　　1989年5月，四川省饮食服务公司接待日本"主妇之友"杂志社访华团。

《中国名菜集锦·四川卷》中王开发制
作的包烧鸡

《中国名菜集锦·四川卷》中王开发制
作的脆皮鱼

《中国名菜集锦·四川卷》中的香花鱼丝

特级厨师考试

1982年，成都进行了特级厨师考核，师父回忆道："要满二十年的工龄才有资格报名，我刚好满了，又有在荣乐园当厨师长的经验，再加上'三把刀'的名气，符合特级厨师考核要求。那个时候对于特级厨师的考核是相当严格的，跟考状元的感觉一样。"

时间拉回到1982年，成都芙蓉餐厅正在进行特三级厨师的实操考试。

师父第一个上台抽签、也是第一个上台操作的人，他抽到的考试题目是"烤乳猪"，其他人有抽到做鸡、做鸭或鱼的，但属烤乳猪最难，因为要从杀猪开始。

在一个竹子编的围栏里，师父三下五除二，以最快的速度逮住一头乳猪。随即，开始宰杀，杀完刮毛，开水烫。当师父埋头苦干的时候，猛一抬头，发现身后站了好多人。师父以为是自己的摊子摆得太开把别人挡到了，就想往旁边挪一挪。结果，师父一挪，那些人也跟着动。后来，师父才明白过来，那些人是在观摩，要向他学，看他咋个杀猪。

除了考杀猪、烤猪，还要做酥饼。酥饼，拿满族人的话来说就是"片儿饽饽"，是拿来烤的，中间夹点酥，再蘸点芝麻。并且，酥饼是跟着烤猪一起走菜的。当上烤猪的时候，把酥饼划开，里面夹点片好的烤猪肉，这才算

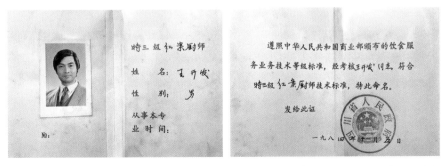

1984年，王开发获得由四川省人民政府盖章认可的技术等级证书，这也是唯一一次由省政府盖章颁发的证书，后来的都是由饮食行业技术考评委员会颁发。

1984年王开发与曾国华在纽约荣乐园合影

把你的考题完成了。说穿了，就是红、白两案都要通。当然，1982年的特级厨师考试，远不止这么简单。据王旭东先生回忆："那一年，成都市推荐的名单里就有王开发，西城区考起的就他一个嘛！也只有那一年（1982年）才是真正意义上的全封闭式考试。"

纽约荣乐园的日子

师父考完特级还没有拿到"本本儿"就被成都市饮食公司派往纽约荣乐园工作。

这里简要说一说美国荣乐园的由来。据王旭东先生回忆，1978年，四川饮食公司邀请香港世界贸易中心总经理伍淑清到四川考察。伍女士回到香港后，次年举办了一个表演赛向全世界展示川菜艺术。1979年4月，四川派出了由刘建成带队的厨师团队到香港表演，取得了巨大的成功，"一菜一格，百菜百味"的美誉很快传遍了整个亚洲和欧美国家。当时受邀的还有美籍华人伍承祖，表演赛后伍教授就有了在美国创办一家荣乐园的想法。后来，他和四川省饮食公司合资成立了美国美属健康食品有限公司。随后，"美国荣乐园"进入筹备阶段，曾国华大师带队前往纽约主理荣乐园。同年，美国纽约荣乐园开业，这是改革开放后我国第一家与外方合营的境外川菜馆。

1984年王开发在美国纽约曼哈顿东44街322号荣乐园大门口

　　1982年秋的一个晚上，师父到达纽约。那时，美国荣乐园已经在纽约第二大道四十四街开业两年，生意红火。在纽约荣乐园工作期间师父跟着曾国华大师增长了技能。师父说："曾大爷也很凶，但他越凶我，我心里反而越高兴，因为我知道那是曾大爷在教我。"曾大爷虽然说话重，但师父并没有因此气馁，心里反而有股使不完的劲，拼命要做好工作。"这些老师傅越是对你有要求，越是说明看得起你，他们内心其实是想让你厨艺能够提高。"

　　1985年美国荣乐园搬迁，1987年师父担任荣乐园厨师长。师父在纽约荣乐园司厨时接待过各界名流、政商人士，其中印象比较深刻的一次司厨是邓小平的女儿邓榕到荣乐园就餐。那天，伍教授（美国荣乐园的老板）跟师父说，你们小平同志的女儿来了，你做几个菜吧！在为邓榕做了几个家乡味菜看之后，师父还特别精心准备了一个水果篮，并在白瓜瓜皮上雕刻了两句诗"精烹细调家常味，盛情款待故乡人"。据师父说，邓榕、伍先生和师父都是四川人，于是他刻了那么两句，邓榕看到以后非常高兴。

师父在美国买的最奢侈的东西就是一台尼康相机。要不是这台相机，我怕是见不到师父他老人家当年在美国的生活情景了。

纽约荣乐园的调味品如郫县豆瓣、泡辣椒、保宁醋、酱油、花椒等都是从四川运来的，厨师们做出的川菜非常地道，保持了川菜的原汁原味。当地客人还是用筷子就餐，同时给他们配了刀叉，菜的味道是该辣的就辣、该麻的就麻。师父说，当时荣乐园在美国之所以生意兴隆，就是因为他们没有刻意去迎合外国人口味而改变自己本来的做法。川菜出国，是因为它的川味吸引了客人。进来的客人如果嫌川菜麻或辣，那他们为什么要进来吃呢，他们不就是想品品川菜独特的味道嘛。

1987年5月，师父的父亲病逝。年底，师父的母亲也病了。为了照顾母亲，1988年底，师父办理了交接手续，结束了在纽约荣乐园的工作，回到成都。

从厨师到讲师

回国之后，师父在成都市饮食公司培训科担任老师，负责对外培训厨师和厨师考级等工作。从1988年底到1995年，师父先后培训了来自全国各地的厨师四千多人次。

1992年的特一级厨师考评科目要考开菜单，那时很多学员由于受条件的限制，从来没有机会开过菜单。于是，不少学员都跑到师父家里请教如何开菜单。"我那个时候脑子越用越好用，给每人各开两张菜单，我口述他们记下来。""来的人太多，都挤在梵音寺那条小巷子里。一批人在门口等，一批人在屋里头边听我说边记录，害得我母亲只好在巷子口帮他们守自行车，害怕丢的嘛。"

"给屋里头的人讲得差不多了，外头的人又进来了。"有意思的是，当时因为来家里的人太多，弄得派出所怀疑师父在搞什么非法活动。派出所的人跑来问师父的母亲，你们开发在干啥子哦，咋个那么多人嘛？母亲解释说，

王开发为1991年一级厨师考核培训班做操作示范

1990年成都市饮食公司红案一级厨师培训班毕业合影。王开发（一排右五）、杨孝成（一排右六）、刘建成（一排右七）、曾亭效（一排右八）。

他的学生马上要考试，都是跑来问他题的。

后来，为了方便学员学习，师父当年便开始着手编写《教学菜谱》。1992年3月，《教学菜谱》正式成为成都市饮食公司技术培训科、成都市饮食公司川菜技术研究培训部厨师培训班的教材。

1994年6月，师父著的《新潮川菜》由四川科学技术出版社出版。该书收录了150种川菜、30例筵席菜单。

成都沙湾国际会展中心行政总厨

1997年4月，成都沙湾国际会展中心即将建成，董事长邓鸿找到师父，邀请他担任餐饮部负责人。师父这些年虽然以教学为主，但同时一直关注着行业动态。那时川菜师傅的地位和待遇远远不如粤菜师傅。师父当时想，川菜师傅的手艺并不比粤菜师傅差，为什么不能要求跟粤菜师傅差不多的待遇呢？于是，师父向邓总提出三十万年薪（税后）的"高价"，没想到邓鸿毫不犹豫地答应下来。

这在当时的成都川菜界成了"惊天动地"的大事。一时之间，师父成为当时工资最高的川菜厨师，在行业内传为佳话，都说师父"为川菜厨师长了脸"。这件事后川菜厨师的收入得到了整体的提升。从某种意义上说，是师父提升了当时川菜厨师的行业地位和收入水平。

师父回忆说，其实他那个时候也不是凭空要价的。毕竟那时师父在天津塘沽一个月都挣两万多，会展中心规模那么大，事情那么多，下面各部门经理年薪都不会少。所以师父一开口，邓总立马拍板同意。师父那时不仅是餐饮部的总经理，还担任了行政总厨职务。会展中心一楼设西餐厅，四楼设快餐厅、粤菜厅，五楼是川菜馆香满园。而香满园生意最好。

香满园是筵席制，一次可以接待五十桌至六十桌的婚宴、寿宴等。"当时香满园一桌席大概一两千元，在成都算是最高档的了。香满园的筵席菜一般为六个凉菜、八个热菜，还有汤菜、面点。"师父至今仍记得，成都沙湾会展中心开业那天仅餐饮业态一天就入账三十万。

那时的沙湾会展中心，是成都市最高端的地方，宴会厅的出品、工艺、

1997年10月25日，王开发（中）在会展中心开业前和同事合影。

容量等都是成都最顶级的。当时全国的餐饮行业纷纷组织从业人员前来参观学习。

在王旭东先生看来，沙湾会展中心香满园川菜馆的成功，开启了川菜厨房现代化管理的新纪元。"王开发在众多川菜老师傅里面，是第一个进入大餐厅统领全局的人物。在沙湾会展中心的几个大厨房，短短一年多就培养了一批懂得厨房现代化管理的人才。"

传承与发扬

退休之后的师父，仍然为川菜技艺的传承发展不遗余力。

2016年1月18日，川菜老师傅传统技艺研习会成立大会在成都召开。参加成立大会的有中国烹饪大师黄佑仁、缪青元、蒋学云、梁长源、胡显华、路铭章、黄新华、李德福、陈伯鸣、胡廉泉等一百二十多位平均年龄七十岁的川菜大师。研习会立志复原濒临失传的传统川菜，会上师父被推选为创始

认定 王开发 为四川省非物质文化遗产代表性项目川菜传统烹饪技艺 的代表性传承人。

四川省文化和旅游厅
二〇二一年一月

会长。研习会成立的消息被媒体报道后在国内引起了较大的反响。

2016年5月初，师父在接受《纽约时报》记者采访时表示："川菜正面临危机。虽然川菜已走向国外，然而，川菜的路也越走越窄了。"因为在外地人的印象中川菜只剩下一个字"辣"。而更让师父担忧的是，一些传统老川菜正在消失、被遗忘。"荔枝腰块、雪花鸡淖……这些都是川菜。别说吃了，很多人听都没听过。如果再不引起重视，十年后再无地道川菜。"

面对川菜乱象丛生的局面，2017年，师父和我的师兄张元富在成都开设了一家川菜传统筵席包席馆——松云泽。取名"松云泽"，是为了铭记张松云先生的恩泽，店招是师父手书。

2017年国庆节那天，松云泽正式开门迎客。

松云泽刚开张时很多人都不看好，认为传统川菜如今在市场上已无立足之地了。出乎意料的是，松云泽一经亮相立即在成都餐饮界引起了轰动。

一时之间，各路美食家争相前来一品传统川菜的至上美味。松云泽的不少菜品比如蹄燕羹、肝油辽参、红烧牛头方、肝膏汤、神仙鸭、坛子肉和炸扳指等，无不体现出川菜"以清鲜见长，以麻辣著称"的精髓，让食客们充分领略了麻辣在川菜体系里只是冰山一角。

2022年1月，松云泽被评选为"米其林一星"餐厅。

而更令人欣喜的是，没过多久成都相继出现了多家类似的包席馆。师父看到大家都在陆续参与进来，他老人家特别开心，感觉传统川菜的传承有望了。

2021年6月，川菜烹饪技艺入选国家级非物质文化遗产代表性项目名录（第五批）。经过推荐、评审，2021年11月，四川省文化旅游厅确定师父王开发以及张中尤、卢朝华等十人为国家级非物质文化遗产"川菜烹饪技艺"的代表性传承人。

我与师父的结缘

师父桃李满天下，我是师父众多徒弟里唯一没从事餐饮业的弟子。

2016年年初，经诗人、美食家石光华引荐，我和师父在带江草堂初次相见。后来，我又与师父多次交流，为师父的人品和技艺所折服，遂向师父提出拜师请求，得到了师父的首肯。

2017年9月30日，举行了隆重的拜师典礼。拜师仪式由中国著名营销大师李克主持，在引师杨孝成大师、保师李德福大师及见证人张元富、石光华和现场二百余人的见证下，诚具名帖，恭行大礼，完成了拜师典礼。拜师帖曰："开发先生尊鉴：川菜乃中华四大名菜之一，综观川菜百年，宏达勃发，大师辈出，蔚然大观，名扬四海。荣乐园主人蓝光鉴祖师，乃中国现代川菜之奠基人。荣派一系，至今已然根深叶茂，彪炳神州。张松云宗师乃蓝先生之开山弟子，为荣派第一代传人。先生系出名门，得张松云宗师之真传，位列荣派第二代传人，大艺传扬，匠心独运，声名享于同道，成就遍及寰中。后学李作民虽未登堂入室，然笃好川菜文化，仰慕先生之风久矣。今愿执弟子之礼，追随左右，树德修身，增识学艺，为传承先生心得、弘扬川菜文化而奉献终生。今诚具名帖，恭行大礼，求先生海之训之，严以律之，传道授业解惑为幸。后学愿附先生骥尾，谨遵师训，诚心向学，侍师如父、终身不

作者向王开发（左）敬茶（摄影：张浪）

渝。敬乞先生允纳。"

　　传统技艺的传承，一直是媒体关注的热点，拜师仪式受到了各界关注，中国新闻社等媒体做了报道，在行业内产生了一定的影响。

　　拜师之后，我一直希望能为川菜的传承发展做力所能及的工作。在与师父及众多川菜大师的交流中，我发现川菜的传承发展面临的突出问题，是川菜历史文献严重缺失。目前存世的川菜历史资料多以菜谱为主，关于川菜技艺、川菜知识的文史资料凤毛麟角，鲜见于文字记载，都在川菜老师傅们的心中。

　　这与传统技艺传承的特点有关。自古以来，中国传统技艺的传承往往通过手艺人师徒口传身授的方式实现代际流传，但这种以人为中介的传承具有巨大的不确定性。首先，技艺本身的特征与面貌会在时间的推演下有所流变；其次，传统老手艺人往往受文化水平不高的局限，造成相关传统技艺的文本著作严重匮乏，一旦技艺师傅未能找到合适的传承人或发生意外变故，那技艺的传承亦将终止而再难寻回。

　　如今，见证近现代川菜发展历史的老人家们年岁已高，保护川菜、传承

2018年7月，胡廉泉（右二）、王开发（左二）、王旭东（左一）接受作者采访。

川菜文化的任务已经刻不容缓。若再不及时对川菜文化进行抢救性发掘、解读、钩沉史料的工作，那么川菜文化史中的许多资料终将随着大师的故去而消失在历史长河之中。

经过慎重考虑，我决定以自己的历史学专业背景为依托，以川菜口述历史为突破口，为川菜的传承与发展尽一份绵薄之力。川菜口述历史，就是最接近川菜文化的途径之一。它不仅能从史料的角度弥补现有文本材料之不足，更能揭开川菜文化中更真实、鲜活的一面，还原一段更加丰富的历史。

2018年5月，我开始访谈师父、胡廉泉先生和王旭东先生，着手川菜口述历史的抢救性工作，我们一起聊川菜、做川菜、品川菜。无论是现今市面上常见的"小煎小炒"，还是那些几近失传仅存于老菜谱中的传统名肴，以及美食历史及背后那些不为人知的故事，他们都如数家珍，娓娓道来。

《师父教我吃川菜》只是这些年来跟着师父做川菜口述史的初步成果。

令人欣慰的是，四川省历史学会已成立川菜口述历史专业委员会，川菜口述史工作终于走上正轨。

（本文照片除署名外均为王开发提供）

"川菜百科全书"胡廉泉

2019年10月9日胡廉泉接受作者采访

在本书的创作过程中，胡廉泉先生给了我极大的帮助。每次都是师父讲菜，胡先生补充美食背后的逸闻趣事，用"川菜百科全书"来形容胡先生再恰当不过了。

2022年2月20日，四川省烹饪协会与成都市烹饪协会顾问、川菜终身成就奖获得者胡廉泉因病去世，享年七十九岁。消息一经传出，中新社、四川发布、川观新闻等各大媒体纷纷发文悼念，叹息先生离世乃川菜界的一大损失。

我和胡廉泉先生因川菜而相识结缘。近年来，我和我的团队一直致力于

胡廉泉高中毕业证书

川菜口述历史的抢救性工作，胡先生作为川菜的大师级专家，自然是川菜口述历史的重要访谈对象。自2018年5月到2020年6月，我有幸多次采访胡先生，一起聊川菜、做川菜、品川菜。

胡先生去世前一周，我和师父王开发先生去探望他，尽管当时老人身体虚弱，但一谈起川菜的事，就十分激动，他兴致勃勃地跟我们谈了两小时，讲述了许多想法和观点，并约定春暖花开时再接受我的访谈，商定的采访重点就有《大众川菜》当年的成书背景和过程等，如今都已成了遗憾。

1961年9月，胡先生从成都名校七中高中毕业，又去成都市财贸干校学了三个月的统计，次年1月分配到成都市饮食公司工作。据蓝光鉴嫡孙蓝雨田先生回忆，胡先生到财贸干校报到时，正好遇到时任财贸干校教师的蓝云垄（蓝光鉴之子）正在讲述荣乐园的掌故，特别是蓝光鉴在四川做的两次满汉全席，使之深受震撼，遂决心要研究川菜。毕业时，他主动要求去饮食公司工作，开启了川菜研究生涯。

在20世纪，餐饮从业人员大多家境贫寒，往往十几岁就开始拜师学艺，因此整个餐饮从业者文化水平普遍不高。胡先生的高中教育背景使他较同时期餐饮业绝大多数人有更高的文化素养，为他日后从事川菜的梳理、传播工作打下了坚实的基础。

　　说起胡先生的故事，就得从他与书的缘分说起。

　　20世纪60年代初，胡先生的表妹在成都古籍书店工作，利用这个便利，他没事就泡在书店里，阅读了大量与饮食相关的书籍和菜谱。有先秦的《吕氏春秋》，东晋的《华阳国志》，北魏的《齐民要术》，唐代的《酉阳杂俎》，宋代的《清异录》《益部方物略记》《东坡志林》《仇池笔记》《东京梦华录》《梦粱录》《都城纪胜》《武林旧事》《糖霜谱》《山家清供》，元代的《岁华纪丽谱》《饮膳正要》以及明清的《益部谈资》《蜀中名胜记》《养生随笔》《随园食单》《食宪鸿秘》《醒园录》《桐桥倚棹录》《广群芳谱》等。其中，最令他着迷的莫过于清代袁枚的《随园食单》和朱彝尊的《食宪鸿秘》。他把这些书借回去仔细阅读，认真揣摩，后来又把《随园食单》全书用毛笔抄录了下来。

胡廉泉书房一角

2018年7月胡廉泉向作者展示他的电子书

　　胡先生陆陆续续收集了数十本20世纪二三十年代的老菜谱，这些菜谱大都是南方菜，其中尤其以上海菜居多，有文化人时希圣的《家庭食谱大全》和《家庭新食谱》等书籍。《家庭新食谱》不仅有菜的做法、食材的使用，还有食俗、故事，将饮食与文化结合了起来。书的内容是按四季来编写的，什么季节吃什么菜，"东坡肉"是谁发明的，"陆稿荐"是如何得名，杭州小媳妇巧烹鲥鱼，郑板桥吃狗肉的故事等，都令他印象深刻。

　　在古籍书店，胡先生读到了中国最早的西餐菜谱《造洋饭书》、明代王磐的《野菜谱》等。再加上胡先生当时从事餐饮培训工作，与外地从业者多有交流，上海、山东以及东北等地饮食业的不少同行给他寄来了当地的菜谱，有的是油印本，有的是铅印本。

　　胡先生既读书又藏书。1991年四川省举办了"第二届天府藏书家"活动，胡先生因藏书万余册，获"天府藏书家"称号。先生藏书有文史类也有饮食类，其中就包括不少老菜谱。最近二十年，先生买书虽没有以前多，却跟上了潮流，读起了电子书。据先生粗略统计，他所收藏的电子书也已有几千种，与饮食相关的电子书多达六百余种。

胡先生平时还爱好书法、看戏，对"小学"（中国古代研究音韵、文字、训诂的学科）也颇有研究，尤其喜欢古代青铜器上的铭文。

总结老师傅的经验

中华人民共和国成立后，20世纪50年代，对私营工商业进行了社会主义改造，开展公私合营，一大批餐馆、小吃店都成为公私合营企业，1956年，成立了成都饮食公司。下辖公司中，大型餐厅有竟成园、齐鲁食堂、耀华餐厅、芙蓉餐厅、成都餐厅等；小型餐厅，即四六分馆子有市美轩、带江草堂、食时饭店、竹林小餐、利宾筵、粤香村、耗子洞张鸭子、陈麻婆豆腐、盘飧市；小吃店有珍珠圆子、赖汤圆、龙抄手、夫妻肺片、钟水饺、师友面、担担面等知名餐饮店。

公私合营后，成都饮食公司云集了张松云、孔道生、曾国华、毛齐成、刘笃云等一大批名师。胡先生说，解放前，饮食行业有一种说法，千两黄金不卖道，十字街头送故交。就是说千两黄金都换不来把技术教你。师徒之间是一种竞争关系，教会徒弟，饿死师父。

国有饮食公司的成立，使烹饪技艺的传承方式，发生了根本性的改变。而众多大师的存在，使川菜烹饪技艺的发扬光大成为了可能。通过对老师傅经验的总结、梳理，形成了一系列的培训教材，进而公开出版，推动了川菜体系的形成，最终使川菜跻身四大菜系。

1972年，胡先生被派往红旗餐厅协助老师傅整理烹饪技术资料，后又参与了由四川省饮食公司组织的《四川菜谱》内部资料编写工作。该书在1979年5月荣获四川省革命委员会科学技术委员会授予的"科学技术三等奖"。

1987年9月，在四川省烹饪协会成立大会上，胡先生受曾国华大师委托发言，题目是"浅谈川菜的汤"，这篇发言稿由曾国华大师口述、胡先生整理成文。曾国华是四川省政府任命的特级厨师，师承名厨蓝光鉴，多次为外国国家元首、贵宾制作筵席。以后胡先生曾为多位川菜大师整理了他们多年司厨的心得，先生说他从中也受益匪浅。

无论是现今市面上常见的"小煎小炒"，还是那些几近失传仅存在于老

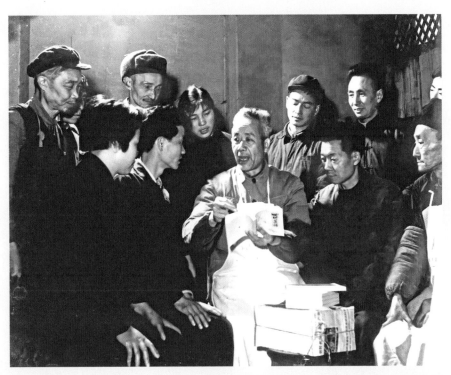

20世纪70年代，曾国华（前排右三）、张松云（右一）、江松亭（后排左二）等大师在红旗餐厅探讨《四川菜谱》。

1979年5月,《四川菜谱》的获奖证书。

菜谱中的传统名肴,这些美食的历史及背后那些不为人知的故事,胡先生都如数家珍。"一菜一格,百菜百味","急火短炒,一锅成菜",这些耳熟能详、最能反映川菜鲜明特征的标志性话语,正是胡廉泉先生等川菜大师们的总结提炼。

完成川菜古籍的"理校"

胡先生利用自己所学,对古籍菜谱做了许多理解性校对工作,并把川菜行业的技艺由口头化语言转换为规范化用语,是建立川菜理论体系的奠基人之一。

早年在"技术培训班"和"七二一工人大学"时期,胡先生在跟老师傅工作交流中,无意中发现了老川菜菜谱存在借用字、谐音字、错别字的问题。过去的老菜谱里,有许多文字表意不明,现代人读不懂,比如"芝麻脯海参",芝麻脯应是"麻腐"(一种用芝麻粉与豆粉制成的半成品)之误,麻腐是用作麻酱海参的底子;"护腊海参",应是"煳辣海参",也就是今天的"酸辣海参";"坐鱼",胡先生在《中药大词典》一书里查到,其实就是田鸡。

这些别字的出现,原因是过去的师傅们年纪很小就开始做学徒、文化水平不高，所以菜谱里的很多字都是厨师们借用的同音字。老菜谱中的借用字只有像胡先生这样既了解行业术语又有文化知识的人才能理解并订正，他通过对大量老菜谱的梳理，对菜谱文字进行了校对订正。

用王旭东老师的话来说："胡大爷对行业内的贡献是潜移默化的，以前的菜谱整理多多少少都受到了他的影响……"

培训川菜人才

1971年，成都市饮食公司开办了为期一年技术培训班，胡先生被分配到培训班工作。培训班以当时的红旗餐厅作为川菜培训基地，由张松云、孔道生、曾国华、毛齐成、刘笃云、李志道等任教，大师们亲自操作，亲自讲解，学员也是从各餐厅选拔的青年厨师中的佼佼者，培养了数百名中青年厨师，成为省内外餐饮行业的技术标杆。

胡先生担任了培训班的文化教学，他有文化又很好学，在跟名厨们的交流中，把他们的菜式、经验等记录整理下来，形成讲义。胡先生的讲义文字干净，不花哨，有干货，形成了菜谱的基本格式，今天的川菜菜谱大都是按照他确定的这种格式在写。

胡先生回忆说："那个时候，还没有正儿八经的教研室，老师傅们约我去观摩他们做菜，每次做完菜，老师傅们都会讲讲每道菜的技巧和诀窍。荣乐园的大爷们（这在川菜圈里是一种尊称，表示对方德高望重）比较喜欢我，每次学员期中测验，都要把我喊去当陪考官。大爷们一般不试味道，喊我试。"当大爷们讲解着某道菜好在哪里、某道菜问题出在哪里时，胡先生都默默地记在心里。

1981年至1983年，为了提高成都市饮食公司员工的技术水平，技术科在公司搞了全方位、多层次的技术培训，分别在"成都餐厅"办了高级班（研究班），在"荣乐园"和"芙蓉餐厅"办了中级班，在公司所属其他餐厅办了初级班；同时还结合餐饮的特点，开办了白案小吃班、冷菜班和腌卤班等。为此，胡先生与刘建成等人共同编写了《教学菜谱》《成都名小吃资料》，供培训教学之用。

1978年，张松云（右四）在红旗餐厅讲解刀工

1978年，曾国华（右三）在红旗餐厅亲自示范油烫鸭

20世纪70年代孔道生（右二）在成都餐厅讲解面点制作

从1984年起，胡先生参与了成都地区高校炊事人员的技术培训和技术职称的考核。1984年6月，被聘为成都市饮食公司青年烹饪协会的常务顾问。1985年3月，被聘为成都市高等院校炊事技术考评委员会顾问。

1985年下半年，胡先生担任成都市财办成立的成都市饮食业技术职称评审领导小组考核组负责人，负责复习提纲的编写，实际操作的出题、考核、文字测验的命题、阅卷以及制定论文的选题、答辩等项工作，以后他又多次被四川省劳动厅等相关部门聘为职称考核的评审委员，担任考评工作。

1986年，胡先生参与成都市烹饪协会的筹建工作，1992年于成都市烹饪协会第一次代表大会当选为常务理事。1987年四川省烹饪协会成立，胡先生被选为常务理事。

1972年9月8日成都市饮食公司技术培训班第一期学员在红旗餐厅毕业留影。杨镜吾（二排右三）、张松云（二排右四）、曾国华（二排右七）、孔道生（二排右九）、张荣兴（二排右十）、江松亭（二排右十一）。

著书立说，推广传播

胡先生在培训工作中，积累了大量的经验，收集整理了大量的菜谱，为后来的著书立说打下了坚实的基础。

胡先生先后参与编写、审定了《中国烹饪辞典》《川菜烹饪事典》《大众川菜》《筵款丰馐依样调鼎新录》《中国菜谱》（四川）、《中国名菜集锦》（四川）、《中国名菜谱》（四川风味）与《四川菜谱》《家庭川菜》《教学菜谱》《成都名小吃资料》等一系列川菜书籍。

1985年，胡先生开始校注《筵款丰馐依样调鼎新录》，该书被中国商业出版社纳入《中国烹饪古籍丛刊》，于1987年10月出版。

2008年6月，由胡先生和李朝亮口述、罗成章记录整理，共同编写的《细说川菜》，由四川科学技术出版社出版，这是胡先生四十年来从事川菜教学和实践的集大成之作。而他与人合编的《大众川菜》《家庭川菜》《川菜烹饪事典》等书多次再版。其中《大众川菜》值得专门讲一讲。

由胡先生等人编著的《大众川菜》是目前国内销量最大的一本菜谱，自1979年出版至今已再版数十次，印刷一百四十余万册，是再版率最高、印量最大的单本菜谱。该书曾荣获"全国优秀畅销书奖"、"1984—1985西北、西

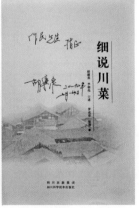

《筵款丰馐依样调鼎新录》　　　　《细说川菜》胡廉泉签赠版

南地区优秀科技图书一等奖"、"1987年全国优秀畅销书奖"、"1988年第二届四川省优秀科普作品荣誉奖"，1993年被评为四川十大畅销书之一。

《大众川菜》于1977年开始编写，成都市饮食公司技术科科长刘建成、杨镜吾和胡先生共同承担了编写任务。1979年，由四川人民出版社出版。1984年修订本改由四川科技出版社出版。2004年再次修订时，胡先生为《大众川菜》补充了一百多个创新川菜和海味菜，如鸡翅海参、家常鱿鱼、椒麻鱼肚、白汁虾糕、大蒜鳗鱼、清炖足鱼、干烧大虾、银杏小白菜、玫瑰茄饼、椒油蘑菇、素烧魔芋等。《大众川菜》作为普通家庭的烹饪指导书和饮食行业的培训教材，对川菜的传播、推广、普及起到了非常重要的作用。遗憾的是，《大众川菜》的三位作者刘建成、杨镜吾和胡先生都先后去世了。

2007年，四川科技出版社支付胡廉泉先生《大众川菜》第四十一次印刷稿费的信封。

1981年，胡先生参与了由四川省蔬菜饮食服务公司和日本"主妇之友"杂志社合作出版的《中国名菜集锦·四川卷》一书的编辑工作。全套书为九卷本，其中，四川部分有两卷。1981年在东京出版发行日文版，1984年在东京出版发行中文版，后又发行英文版。本书收入了成都名店荣乐园、芙蓉餐厅、成都餐厅、竟成园、少城小餐、带江草堂、陈麻婆豆腐、天府酒家，重庆名店会仙楼、小洞天、颐之时、老四川、上清寺餐厅、蓉村、泉外楼，以及乐山玉东餐厅、灌县（今都江堰市）幸福餐厅的名菜名点和成渝两地著名的风味小吃共241种。各色菜点均配有精美的彩色照片以及知识丰富、生动有趣的解说。

1981年，日本"主妇之友"杂志社为出版《中国名菜谱·四川卷》在成都拍摄时的欢迎会。

1979年版《大众川菜》、2005年版《大众川菜》

1979年版《大众川菜》初版菜品配图

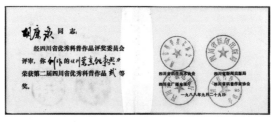

《川菜烹饪事典》的获奖证书

1984年前后，胡先生与张富儒、熊四智一起主编了《川菜烹饪事典》。该书1985年由重庆出版社出版。1988年《川菜烹饪事典》获商业部科学技术进步四等奖，同年9月29日又获由四川省科学技术协会、四川省新闻出版局、四川省广播电视厅、四川省科普作家协会四单位颁发的"第二届四川省优秀科普作品二等奖"。此后他还参与了《川菜烹饪事典》的增订工作，并为"烹饪原料"新增写了数百条词目。

胡先生还曾参与《中国川菜》《川味中国》等多部电视片的拍摄，承担学术顾问、解说词撰写等工作。

1997年，胡先生退休，之后依然积极参与传播川菜文化的工作。

"他是整个川菜界知识最丰富、文化素养最高的大师级专家。他走了，这个位置无人能补。他的去世，对川菜界的损失，难以估量。"巴蜀文化学者袁庭栋的话正是对他最恰当的评价。

（本文照片除署名外均为胡廉泉提供）

脍炙人口

师父教我吃川菜

HOW TO TASTE SICHUAN CUISINE:
LEARNING FROM MASTER

回锅肉——川菜第一菜

随机问一个四川人他最喜欢的三道菜，回锅肉一定会位列其中。因为这道菜，不仅是川菜的代表，也是家常菜的代表，素有"川菜第一菜"的美誉，四川几乎人人爱吃，家家会做。

早在1960年版的《中国名菜》一书中，对回锅肉就有"此菜为四川首创传统名菜，味浓而香，与青蒜合炒，红绿相间，色味俱佳"的描述。

然而眼下，这道"源于民间、名于酒楼"的回锅肉却呈现出一派乱象，用师父的话说就是"乱七八糟"。师父常常感叹："现在是一帮不会做川菜的人和一帮不会吃川菜的人在大谈川菜，不会吃的人把厨师惯坏了，不会做的人把川菜糟蹋了！"

我的师兄张元富说："这道菜，除了它咸鲜带辣的复合味，用猪身上哪个部位的肉，刀工、火候怎么把控，加豆瓣也好，加甜面酱也好，加酱油也好，怎么加、加多少，它的成名是不是跟蒜苗有关，哪种做法才是最正宗的，这些都需要有个说法，要正本清源，因为回锅肉是川菜第一菜。尽管说'食无定味，适口者珍'，但每道菜都得有个基本原则，哪些东西能变、哪些东西不能变，还是要讲个规矩，否则如何体现川菜'一菜一格，百菜百味'的鲜明特点？"

"灯盏窝，拈闪闪"——回锅肉正确的打开方式

拜师之后，师父花了很多时间和功夫教我品尝川菜，从菜市场选料到师父亲自下厨制作，每道菜，师父都详细讲解，从色、香、味、形、口感，一一道来，让我尽享口福。吃进嘴里的每道菜，都是经典的川菜，都是地道

的、正宗的川菜。一道菜端上桌，观其色，闻其香，最多再拈一筷子就知道对不对路，进而也就能迅速判断它完美无缺还是哪个环节出了问题。

听师父讲，在最初的时候，除了蒜苗，蒜薹也常常作为辅料用在回锅肉里面，在没有这两样的时候，就会加入大蒜来提味。虽说后来有了青椒回锅、土豆回锅、锅盔回锅、盐菜回锅等多种多样的回锅肉，但蒜苗回锅的味道、口感还是大家公认最好的。由此可以推断，回锅肉这道菜的成名一定跟蒜苗有关。而且，经过多年实践，师父认为，蒜苗跟回锅肉才是最佳搭档。

怎么样的回锅肉才是一份正宗且好吃的回锅肉呢？

拿蒜苗回锅肉举例，一盘合格的蒜苗回锅肉端上来，颜色一定是红亮、白皙、清绿三色齐全的，并且肉一定是卷曲如"灯盏窝"的，筷子夹起它一定是一闪一闪的。红亮的是肉，白皙的是蒜苗茎，而清绿的是蒜苗叶；肉的形状一定卷曲的，严格来讲，每个"灯盏窝"里面都应该带点油，用筷子拈起一定是有弹性的。如果不红亮，肯定是豆瓣和酱油的问题；如果白的不白绿的不绿，肯定是蒜苗炒老了；如果白的依然白而只是绿的不绿，一定是厨师将蒜苗茎和蒜苗叶同时下锅了；如果肉片不是卷曲的"灯盏窝"，拈起来没有弹性，就不叫"拈闪闪"，说明不是肉煮过了就是连肉的部位都选错了。

入口是什么感觉？师父说："皮子咬着香糯，肥肉进嘴即化渣，瘦肉不柴，一咬就散，很滋润。"

所以，判断一份回锅肉是否正宗，"灯盏窝，拈闪闪"是基本标准。同时，从色、香、味、形到入口的感觉，只要任何一样没达到，都是失败的回锅肉。

主料、辅料、调味料一个都不能错

那么如何才能做出一盘正宗的回锅肉呢？

毫无疑问，首先是选料。

料有主料、辅料和调味料之分。

这道菜的主料当然是猪肉。但是哪个部位的肉最佳呢？按照师爷张松云先生的说法，当然是二刀肉。所谓二刀肉是指旋掉猪尾巴那圈肉以后，靠近后腿的那块肉，因为它是第二刀，顾名思义，就称为二刀肉，此处的肉有肥有瘦、肥瘦搭配，一般来说肥四瘦六。

可以用五花肉代替二刀肉吗？师父回答："绝对不可以！这两个部位的肉组织结构都不同。"那为什么现在很多人甚至包括专业厨师都在用五花肉做回锅肉呢？师父认为是这些人学艺不精，没有搞清楚二刀肉和五花肉的不同之处："两者的组织结构不一样，二刀肉的肉皮和瘦肉之间是肥肉，下锅煮二十分钟就可捞起备用，而五花肉的肉皮和瘦肉之间的那部分筋筋吊吊的东西不是肥肉，二十分钟是绝对煮不熟的，吃着是绵的化不了渣。五花肉适合蒸或者烧，需要的时间长，比如粉蒸肉和红烧肉。"

关于辅料，尽管现在有加青椒的，有加莲白的，有加盐菜的，甚至有加锅盔、土豆、糍粑的，但师父认为，回锅肉最佳的辅料当属蒜苗。鉴于盐菜比较有特色，以下我们仅以蒜苗和盐菜为例来谈。

蒜苗以初秋的软叶蒜苗为最香，此时的蒜苗又称青蒜，蒜味儿不浓，但香味很浓。蒜苗的头子比较大，要拿刀轻轻拍破，将蒜苗白斜切呈两头尖尖状，这样蒜苗味更容易散发。先下蒜苗白进去，香味就出来了，再下蒜苗叶，叶子下早了容易萎，形状颜色都不好看，所以蒜苗要分两次下，这些在操作当中都属于细节。另外蒜苗下锅要炒熟，所谓生葱熟蒜苗嘛。

要用盐菜做辅料，就叫盐菜回锅肉。先将盐菜洗干净放入锅不加油炒干，铲起来剁细，小火再炒。炒肉要起锅时，撒一把炒干的盐菜下去，快速翻炒使每片肉都沾上盐菜末。加盐菜的目的是增加风味，但出来的成品颜色也会有差异，红色这部分会受影响。胡廉泉先生补充说："回锅肉在煮肉这个环节就加葱、姜片和花椒，目的是去血腥。花椒加与不加，问题都不大，但姜和葱是必须的。"

回锅肉为什么要用豆瓣？因为回锅肉是家常味型，家常就是居家常备、居家常用的意思。在四川，豆瓣、泡菜是百姓家常备的，也是做菜爱用的调味品。回锅肉红亮的色泽、咸鲜带辣的风味就靠豆瓣来体现。因此，豆瓣也就成了家常味型的领衔调料。

豆瓣用之前要剁得很细，并且在实际操作过程中，新老豆瓣要配合使用。五年、十年的老豆瓣由于发酵时间长，其优点是酱味浓香，但缺点是颜色太深，所以需要用新豆瓣来调。这样炒出来的回锅肉才不发黑，才会红亮。

为什么还要用甜面酱？师父说："因为回锅肉肥，而甜面酱解油，解腻，增香。现在一些厨师在里面加豆豉纯属乱整，豆豉是加在盐煎肉里面的，由于盐煎肉是生肉直接爆炒，豆豉恰好有压腥味的功能。"对于甜面酱，师父补充说："如果干了，就调稀。调稀有用水调的，也有用黄酒调的，最好就是用黄酒，因为黄酒可以使甜面酱再发酵。调稀之后，还要尝味道。实际上，不同的厨师在调味的时候并没有统一的标准，要根据不同的调味品来，要充分了解你手中调味品的作用和成分，不能照本宣科，书上说放几克你就放几克是不行的。如今，调味品说明书上的用量只能'仅供参考'。"

所以，对于一些调味品，该不该用，怎么用，用多少，是有一定讲究的。

这里还有必要说下酱油。师父告诉我，以前的回锅肉是要加红酱油的，但现在基本不加了，原因是现在的豆瓣太咸，再加酱油进去，就咸得没法吃了，甚至有时还需要加糖来中和。

先白煮，后爆炒，才叫回锅

师父讲，二刀肉洗净，切成约三指宽、六厘米长（太宽不易煮透），然后下锅去煮，煮到五至七分熟（用筷子能戳进瘦肉部分为宜），捞出准备切片，"肉片要切成铜钱那么厚，不能太薄，因为切下去后，是要用来爆的。现在出的问题是，肉都是在冰箱里面拿出来，而且切得那么薄，下锅去一

爆，肥的就没了，只剩下肉皮和瘦肉，吃起来顶牙、塞牙"。

肉片切好就可以下锅了。先下植物油，烧辣后肉片下锅爆炒后急剧收缩，很快就成"灯盏窝"了。按照传统的说法，只有中间生的，才能爆得出来"灯盏窝"形状。"有人就说，我拿生肉来爆也会卷曲啊！这就不叫回锅肉，而叫生爆盐煎肉，生熟都没有分清楚嘛！"师父长叹一声。

爆炒至肉卷曲，将其刨至锅边，用锅中间的油炒豆瓣。豆瓣颜色炒红、炒香了，再将肉与豆瓣一起翻炒。因为豆瓣有生涩味，所以一定要把豆瓣炒熟，炒香。肉炒匀后，就下甜面酱适量，继续炒，直到甜面酱的香味溢出。最后蒜苗下锅，头子先下，稍微多炒两下，香了，再下叶子，起锅，装盘。

至此，一份看似平常实则却处处有玄机的蒜苗回锅肉才算大功告成。

成菜的回锅肥而不油、香而不腻，与蒜苗一同夹起吃一口下去，肉片嫩中带脆和蒜苗独有的清香共同营造的咸鲜带辣的风味，实在是妙不可言！许久，还能感觉到唇齿留香、余香不散。

总而言之，选料的严谨、火候的恰到好处、刀工的精准、调料的考究、制作过程的细致入微等因素，共同成就了源自民间普通人家的回锅肉，使之成为川人人人爱吃并津津乐道的"川菜第一菜"。

回锅肉的渊源与衍生

胡泉廉先生介绍说，以前，很多作坊，农历每月初二和十六要"打牙祭"，打牙祭就是吃回锅肉。不只是馆子里面做回锅肉，家庭里面也做，家家都会做。到了农历十二月十六，叫作"倒牙"——一年最后一个"牙祭"。为什么叫作"打牙祭"？李劼人先生讲，就是祭"牙旗"。古时候，军队出征前，要祭"牙旗"，要给当兵的吃肉，所以就把打牙祭和吃肉联系起来了。那时候油水比较少，人们喜欢吃肥肉。回锅肉不肥不好吃，它是四川人的家乡菜，特别是在外地待久了的人，一回四川，想到的就是回锅肉。包括当年在国外的川厨，在外面很难吃到回锅肉，一回国，就要找两个餐馆，整几顿回锅肉，这已经成为一种情结了。

前面说过，回锅肉现在出现了很多衍生品，有加盐菜的，有加莲白的，有加锅盔的、土豆的、糍粑的，这些都证明回锅肉好吃，才会有衍生品出现。四川人都知道有道菜叫回锅厚皮菜，就是用回锅肉剩下的油来炒的。另外，还有旱蒸回锅肉，是先蒸再爆炒的。还有，如果回锅肉不用豆瓣，又是另一道名菜——酱爆肉，也很有特色。而且好吃嘴们都知道，回锅肉隔顿更香，再回锅更香。师父他老人家的看法是："现在的回锅肉，买个锅盔、饼子回来都可以炒，只能说凑合，但是最正宗的还是蒜苗回锅肉。然后依次建议蒜薹、青椒，夏天过后青椒就老了，如果要炒，最好加点老盐菜。因为辣椒老了就不适合拿来炒菜了，适合用来做调料。"

这里有必要再强调一下盐煎肉，因为盐煎肉是回锅肉的"姊妹菜"。

盐煎肉跟回锅肉的区别就在于，一个是生肉直接爆炒的，一个是熟肉回锅再炒。但是盐煎肉不加甜面酱，而加豆瓣和豆豉。豆豉，实际上是起一种压腥味的作用。回锅肉是靠酱来体现风味，盐煎肉是用豆豉来体现风味，区别就在这里。盐煎肉有连皮的，也有不连皮的，用的都是二刀肉。盐煎肉也用植物油炒，以前川菜业内有句话叫作"荤料多素油，素料多荤油"。回锅肉和盐煎肉最后的口感有何不同呢？回答是，前者滋润糯香，后者滋润干香。

现在人们的生活并不缺少油水，却依然对回锅肉情有独钟，这是为什么呢？

师父答："就是因为回锅肉确实香，口感太好了，人们已经习惯了这种味道。"

胡廉泉先生也有感而发："是啊！不但喜欢吃，而且还更加讲究这道菜的肥瘦关系。其他肥肉都很难吃得下去了，只有回锅肉还吃得下去，就是因为它的味道浓。为什么回锅牛肉就没有那么多人吃呢？因为牛肉的肥肉没有那么多。"

由此可见，回锅肉是四川人获取脂肪的最佳渠道，是对这种味道挥之不去的记忆和情结。

宫保鸡丁——你真的会吃吗？

"这道菜，最好是用调羹舀来吃！"这是几年前，我刚成为王开发先生的弟子跟他一起用餐时听到的话。彼时，一盘棕红油亮、香气扑鼻的宫保鸡丁上桌，我拿着筷子正伸向一块浑圆饱满的鸡丁。师父笑呵呵继续说："一般来说，这道菜一上桌，人们都是先去拈鸡丁，鸡丁吃了再去拈花生，最后留下葱、姜、辣椒等。而会吃的人呢，会用调羹来舀，鸡丁花生一起吃，同时辣椒也可以吃，花椒也可以吃，葱啊、姜啊通通都可以吃，所以用调羹来舀。这样，鸡丁的滑嫩，味型的甜酸，辣椒的煳辣香，花生米的酥脆，味道的层次全都出来了。浓烈的煳辣荔枝味是判断这道菜的标准。"

怎样鉴别这道菜炒得好不好呢？那天师父教了我一个非常简单的办法："首先，端上来的菜你要看，如果肉丁上面没有裹到芡，每块肉丁的纹路都看得清清楚楚，那肯定是要不得的，会直接影响口感。而如果吃完了以后盘子里面就只剩了一点油，说明那个汁包裹得很好，统汁是成功了的。"

"现在好多厨师炒的宫保鸡丁汁水都在盘子里面，没有包裹在主料上，这是个通病，技术不到位，不过硬。"师父感慨道。

鸡腿肉、鸡腿肉、鸡腿肉——重要的事说三遍

尽管我在很多书籍甚至一些名厨名店的专著里都看到，宫保鸡丁的选料可以是鸡脯肉，但师父和胡廉泉两位先生都坚持认为，宫保鸡丁只能用鸡腿，不能用鸡脯。"我们四川人吃东西，就是要吃活动肉。鸡腿的肉是活的，有力量，吃着有弹性，滑嫩、化渣。"他们二位告诉我，以前选鸡是用嫩一点的公鸡，母鸡要留着下蛋的。现在已经不存在嫩不嫩了，都是线鸡

（被阉割的鸡），哪怕是八斤左右的鸡也很嫩。"传统是用嫩公鸡的腿子肉。现在的厨师不知道哪个部位的鸡肉好，基本知识都不具备了。原因是我们这些老厨师四十五岁就已经退休了，新一代厨师没有得到很好的传承，他们就吃鸡脯子了，鸡胸脯以前是拿来做鸡丝鸡片的。"

为了验证，我们用鸡腿肉和鸡脯肉反复试验，每每发现，鸡脯肉炒出来是四四方方的，比较呆板。而鸡腿肉炒出来是带椭圆形的，棱角没有了。炒出来的味道也大不同，鸡腿肉吃起来非常滑嫩，而鸡脯肉确实逊色很多。看来两者的材质和结构真是不一样。

如果去餐馆点了这道菜，如何知道别人是用鸡腿肉还是鸡脯肉炒的呢？师父告诉我一个判断方法，如果端上来的鸡丁看上去是四四方方的，有棱角，那就是鸡脯；另外就是看颜色，鸡腿的颜色要深一些，淡淡的乌色，鸡脯则是白色的。

热锅温油，小煎小炒，火中取宝二十秒

可以说，每次听师父讲菜，都是我对川菜认识的一次刷新。那些看似天下人都在吃的知名度很高的菜肴，其实没有几个人会真正品鉴，也没有几人吃到过正宗的味道；同样，看似每个厨师都知道的主料、配料和调味料的配比，原材料的准备，刀工火候的把握，下锅的先后顺序，等等，其实又有几人能真正掌握领会其中的妙义呢？

就拿宫保鸡丁这道菜来讲，很多厨师也是知其然而不知其所以然。都知道主料为鸡丁，配料（也叫辅料）为油酥花生米，小宾俏为葱白、姜片、蒜片，干辣椒节、红花椒粒；调料为酱油、盐巴、白糖、醋、水豆粉、混合油。但是这些材料怎么用，为什么这么用，却是知者寥寥了。

比如，鸡腿肉为什么要断筋？为什么要砍成1.3厘米左右大小的丁？为什么要用油酥花生米而不能用盐水花生米？为什么要码一次芡还要勾一次芡？为什么要用混合油炒？为什么要先下干辣椒段和花椒粒而不是先下鸡丁？为什么最后才下花生米？等等。

师父解释道："鸡丁太大，一不容易熟，二不容易入味；太小，不能体

现主材料鸡丁的地位。现在很多餐馆的宫保鸡丁端上桌，一看，鸡丁比花生米还小，辣椒、葱段比鸡丁还多，你那个菜还能叫宫保鸡丁吗？有些人用盐水花生米，没有光泽，跟最后棕红油亮的鸡丁不相配，而花生米一经油酥，皮子红亮，跟鸡丁很搭。两次用芡，第一次叫码芡，又叫上浆，鸡丁能否滑嫩，关键是芡上没有上起，水分够不够；第二次叫勾芡，又叫烹滋汁，是为了使芡汁着附于鸡丁之上。码芡码得好，鸡丁发亮；收汁收得好，整个菜才会巴味。有些厨师炒的宫保鸡丁，脱芡了、吐水了，姜蒜这些都滑下去了，原因就是统汁没统好。"

"什么是混合油？"我问师父。

"就是炼熟的植物油加上化猪油，比例大约是七比三。"师父回答。

"那为什么一定要用混合油？"我表示不解。

"因为炼熟的猪油非常香，所以混合油炒的菜就比单纯使用植物油好吃得多。"师父笑答。

"锅先烧辣，用油下锅浪一下，把油倒入油盆内，重新加入混合油。这个操作过程，即是让锅高温变低温，目的是使接着要下锅的干辣椒和花椒不至于下锅即煳，而且接下来码好芡粉的鸡丁也不至于下锅即由于高温而粘连。具体操作是：先下干辣椒节、花椒粒炒成棕红色，再下鸡丁，然后葱姜蒜片下锅，确保煳辣味型的到位又不至于把辣椒炒焦，然后就将用酱油、白糖、醋、水豆粉、高汤兑成的滋汁倒入锅内炒匀，收汁后下花生米起锅装盘。这个菜端上桌，如果看到周围现出来了一线油，就是好的。如果端上桌就已经漫上了油就错了。现在的问题是，厨师们普遍习惯性地先下主料，实际上连方法都废弃了，辣椒花椒相当于做了个摆设，这样下去，连煳辣这个味型都将遗失了。"

胡廉泉先生对宫保鸡丁有这样的补充："以前有些老师傅做这道菜，鸡丁码味码芡的时候，就把姜片子放进去一起码。姜有个好处，就是去腥味。码了姜的和不码姜的，吃起来味道就不一样。第二个好处是姜里面有种酵素，可以增加原料的嫩度。另外，还有一些厨师炒菜，在调滋汁的时候，把姜、蒜都放进碗里，让它浸泡一些时间，因为滋汁里面有盐有汤，可以把姜蒜味追出来，使其辛香味得到最大的释放。所以厨师做菜，不仅要熟悉烹制的整个程序，而且对每个细节也是十分重视的。"

师父告诉我，这一个菜，真正炒的时间只有二十秒。这是张大爷（张松云先生，我的师爷）经常教诲徒弟们的一句话"小煎小炒，火中取宝"，这，恰是川菜炒菜的要领。

另外，起锅的时候，一定要补一点点醋，有些师傅就最后加醋，他不勾碗，可能味道就不太均匀，在碗里面毕竟是融合在一起了的。补了醋再将菜端上桌子，在热气当中，菜在散热，醋在挥发，香气飘在空中，会给食客一

种非常诱人的嗅觉效果。趁热舀一勺吃进嘴里，滑嫩、香酥，浓烈的煳辣荔枝味更加突显。以前张大爷的说法就是，凡是菜的颜色比较深一点的，像火爆腰花、白油肝片之类，起锅时滴几滴醋在里面，有不一样的效果。

短短几十年，这道菜早已经享誉世界，很多外国友人对此也是赞不绝口，比如德国前总理默克尔就对这道菜情有独钟，她来成都访问时曾学做过这道菜。我猜想这个跟西方一些本身喜欢酸甜口味的饮食习惯不无关系。

早在20世纪80年代初，师父被派往美国的"荣乐园"川菜馆时，就经常有公众人物前来就餐，像西哈努克亲王伉俪、胡茵梦、李敖、邓丽君等，他们来了都喜欢吃点宫保味的。"我们当时卖的是宫保大虾和宫保鸡丁，美国客人都很喜欢。"

宫保鸡丁的前世今生

在百年以前的资料里面是找不到宫保鸡丁这个菜的。那么这个菜什么时候出现的呢？胡廉泉先生推断，这个菜最早出现在20世纪30年代。对此，他还查阅了相关资料。对于这个菜，目前有三种说法：

一种说法是，丁宝桢当过山东巡抚，所以山东人说这个菜是山东的，用爆炒的方法来做鸡丁。但是山东菜系的这道菜，它的菜名是"宫爆鸡丁"而不是"宫保鸡丁"。丁宫保后来到了四川，担任四川总督，下属给他接风，就做了这道菜。老师傅说，这道菜最早还不是现在的做法，而是用刚刚出新的青椒和鸡米（鸡脯肉），是调羹菜，他吃了之后，点头称好，便问这道菜叫什么名字。由于丁宝桢有战功被朝廷封为太子少保，简称宫保。下面的人就说既然是为宫保大人做的，那就叫宫保鸡好了。

还有一种说法是李劼人书里面的一条注释，说丁宝桢是根据他在家乡的煳辣子炒鸡丁的做法将这道菜命名为宫保鸡。

第三种说法是贵州人讲的宫保鸡。贵州人做宫保鸡都要加糍粑辣椒，即干辣椒拿温水淘洗之后再用碓窝春茸，用这个来炒鸡丁。

贵州凡是做宫保味的菜，都有糍粑辣椒。有一年，贵阳市饮食公司的领导来成都，胡廉泉先生就专门找他们求证，对方说他们的宫保鸡丁跟成都做法一样。后来胡先生去桂林路过贵阳时，到一家小饭铺吃晚饭，看到菜牌上有好几个叫"宫保"的菜，于是就点了一份"宫保肚头"，结果菜一端上桌他就明白了。原来贵州的做法和四川的做法不一样，他们用的是糍粑辣椒，生辣也没有荔枝味。那个老板正好也是贵阳饮食公司业务科的一个干部下海来做生意的。胡先生就跟他聊了一下这个菜，他说贵州的宫保都是这样做的。

但是为什么后来大家都倾向于四川"宫保"正宗？胡廉泉先生认为，一个是确实好吃，第二个是四川的宫保鸡丁已经得到了国际认可。据说，北京"东来顺"的老总小崔原来是北京湘蜀饭店的厨师，他来成都跟着成都餐厅的陈廷新师傅学了一段时间川菜。本来湘蜀饭店就是卖川菜和湖南菜的。有一年参加世界烹饪大赛，小崔的宫保鸡丁拿了金奖，可能这个对宣传宫保鸡丁，起了一定的作用。后来好多川菜厨师去参加比赛，都喜欢做这道菜，影响就越来越大了。为什么欧美人喜欢这种口味？因为他们本身就喜欢这种酸酸甜甜的味道，当然这只是一种推测。贵阳的同行吃了我们的宫保鸡丁，认可我们的做法，可能是出于客气。于是胡先生想到了在川菜的菜谱中有一道用糍粑辣椒做的菜，而且可能是唯一用糍粑辣椒做的菜，叫"贵州鸡"，应该是多年前就传入四川的，只不过人们没有将它与"宫保鸡"联系在一起，只知道它是一道从贵州传来的菜，是一道以地名来命名的菜。

渐行渐远的宫保菜

"就像热锅冷油，现在已经很少有人知道了，芡都在锅里面去了，哪里还有什么芡嘛。现在炒菜几乎都不靠谱了，为什么现在很多厨师炒一个菜就洗一遍锅，为什么嘛，这个就是巴锅了嘛。还有个原因就是食材大多为冻品。"说到痛心处，师父会激动得提高嗓门。

师兄张元富的看法是："现在的年轻厨师，就把姜蒜米子都抓到宾俏里头，炒鱼香的时候，姜蒜米子下锅连热气都没有粘上，这个风味儿又从哪里来呢？调味品要经过高温，才能够焕发出它的香味。"

总而言之，大家认为，现在吃不到煳辣味，原因是多种多样的，一个是操作程序不对。还有就是所用辣椒，不是真正的配料辣椒，容易煳，主要是与它的体薄有关系，有些辣椒就是一张皮，原来二荆条是有点肉头的。第三个原因是量没有用够。现在好多炒煳辣和宫保，只看着零星的几个干海椒在里面，原料没有用够，时间也不对。师父还说："有些地方炒宫保鸡丁会加一把莴笋丁丁儿或者黄瓜丁丁儿放进去，那就不是宫保了。加这两样的目的：一个是衬盘子，一个是降低成本。然而本来这道菜就要突显煳辣和荔枝味道，一加莴笋黄瓜之类进去，就稀释、冲淡了这个味道。这个菜不需要清香味，就需要吃肉丁的香嫩，花生米的酥脆以及浓烈煳辣香和荔枝味，一加进去，反而把味道破坏了。"

听着师父们的讲解，感受着他们对川菜未来的担忧，我深感，有些拯救工作，已经迫在眉睫，而守住传统技艺，更是任重道远。

夫妻肺片——被误解了的"肺片"

"夫妻肺片已是一道世界驰名的川菜。但要让这名声持久，保持它的原汁原味才最关键。现在市面上关于夫妻肺片的做法有些凌乱，调料、颜色、味道等，都是千奇百怪。有些厨师不加卤水，只加酱油，导致没有原来的鲜味；有些香料也运用不够恰当，导致整个肺片的色香味都不能够很好地呈现出来……"说起这些师父显得有些激动。

据我所知，部分厨师是用鸡精和味精来增加味汁的鲜味，因酱油过多，拌出来的味道偏酱油味。在各类餐馆里面，这些现象都存在。有些餐厅买回来的牛杂都没有煮软，还要经过二次加工，而且好多也都不是卤出来的。打着夫妻肺片的名字，卖的却不是夫妻肺片。

夫妻肺片正确的打开方式

20世纪八九十年代，常见成都的一些小学、中学门口有摆摊售卖肺片的。一个瓷盆里装着切好未拌的肺片，一盆远远都能闻到香味的红油佐料齐齐地放在一张方桌上，下课铃声一响，孩子们纷纷簇拥着跑出来，用身上仅有的零花钱，吃上一两片麻辣鲜香、爽心爽口的肺片。这样的场景，至今想起仍很挂念。

向师父他老人家询问，如今各家餐桌上的夫妻肺片为何味道不一，究竟什么样的夫妻肺片才算地道？师父说："现今的夫妻肺片，确实已经做得五花八门，但年纪较大的厨师制作肺片还是地道的。按照最传统的做法，肺片里面基本包含有牛头皮、牛心、牛舌、牛肚等，有些厨师在拌菜时，会少量加入一些牛肉，但如果在里面还吃出了非牛肉食材，比如猪肉之类的，都是在乱弹琴。"虽说肺片都是一些不打紧的食材拼凑而成,但其刀工也很考究,片大而薄,层次分明;同时,端上桌来,色泽红亮,不深不浅,应刚好符合人们的视觉欣赏;卤香之中,还应该有芹菜、小葱、辣椒油、花生米碎、芝麻、花椒等混合香味;入口质软化渣,麻辣香鲜俱全。

夫妻肺片的制作,先得从整理材料开始。先将牛头皮和牛蹄子清理好,牛肚、牛肉、牛心、牛舌都需用,其中牛肚这部分只取其相对较厚的肚(如草肚、蜂窝肚、千层肚等)。

材料备好、洗净,放入卤水里卤煮,待全部卤好起锅后,稍冷一下,开始切片。其中牛舌、牛心、千层肚是可以切的,而牛头皮、蹄子、草肚、蜂窝肚就需要用专业的牛角刀片。据师父描述,这牛角刀呈半圆形尖状,可以将肉片得均匀,且速度较快。当年郭朝华夫妇(夫妻肺片得名便是因为这夫妻俩常年售卖而得名)在片肺片时,一定要搬一根长板凳来,坐在板凳上小心翼翼地片,刀法一定是要进去了退出来,这样才能保证张片又薄又大。

20世纪50年代以后,夫妻肺片开始以份为单位售卖,那时候一份肺片,就是拿个土巴碗,抓一把芹菜垫底,把肺片和佐料和匀后放在碗里,卤水和红油等佐料分别淋上去,再撒一把舂碎的花生米就算大功告成。

师父特别强调,想要做出地道的夫妻肺片,"卤制"这一过程非常重要。

四川的卤水分为红卤和白卤。其中红卤带色,即制作过程中,将白糖或者冰糖渣子用油炒至一定程度、加水,制成"糖色",再将"糖色"加入卤水中,卤水的颜色就会翻红,所以称之为红卤。而白卤则不加糖色,因此颜色较浅。"虽然都是卤水,但许多食材需要根据具体情况来选择哪种卤水更为适合,比如鸡、鸭、猪肉等,因为食材本身颜色较浅,因此适合用红卤。夫妻肺片之所以要用白卤的另外一个原因,是因为肺片卤后还要再拌,如果肺片卤成红卤,那拌出来的色不仅重,而且差。"师父讲解道。

从前,厨师们卤肉都用直径约1.5米的大锅来卤,那时人们对"起卤水"还没有现在这么讲究,很多时候都是在制作过程中顺其自然而成,比如厨师们每天都在里面卤牛杂、牛肉,卤的次数多了,卤水也就越来越鲜。以前有专门卖卤货的摊点,同时也做来料加工,帮人卤肉、卤鸡,还不收加工费。为什么不收费?因为卤刮过程中鸡、肉的一些脂肪、鲜味都卤进了锅

里，使卤水的味道更丰富。白卤的卤水里不加糖色，但要加香料和盐巴。"其中草果、八角、山奈、桂皮等都是离不得的。过去我们基本上就是用五香料作为基础料，现在已经有几十种调味料。但这些香料也不是越多越好，种类越多，分量和时间若掌控不准，卤水岂不成了中药？"

而今，人们也总结出了一些专门"起卤水"的方法与配方，用了如此多的香料，我就对其中的"五香味"产生了疑惑，那是不是以前的卤味就主要是五香味呢？

师父说："五香是一种泛指，香料种类在十种以内。料配好以后，就用纱布包好放在卤水里随锅卤煮，大约三到四天后香料味在卤中散尽，这时就要换纱布包里的香料了。待牛杂等食材下锅后，需根据熟透时间的长短来考虑起锅的时间和顺序。各种食材齐聚锅里，需随时拿着笊篱去捞，如果先熟的就得赶紧捞起来，千万耽搁不得。"

以前夫妻肺片店每天要卤一两百斤牛肉，只是牛杂本身的鲜味是不够的，鲜味主要靠牛肉。而且在拌肺片的时候，也需要用卤水作为佐料。师父说，这也是现在市面上许多的肺片都吃不出以前味道的原因之一。

"还有，芹菜也是必不可少的。芹菜本身被归为香菜类，可生吃，香气浓郁独特，很合牛肉、牛杂的味。若再加上中坝酱油，味道就更为地道。"

此时我才恍然大悟，怪不得现在已经难以

吃到传统的夫妻肺片，原来除了加卤水，酱油也是特别讲究的。可为什么偏偏用的是中坝酱油呢？

师父说，中坝酱油颜色浅，鲜味够，是在自然环境中晒制的，不加焦糖，也不像大型发酵池里面的颜色那么深，跟广东那边的生抽属于同类，四川这边习惯了将浅色的酱油叫白酱油。但白酱油并非白色，只是颜色相对较浅罢了，因为黄豆发酵以后，本身自带了天然棕橙色。白酱油除了拌制肺片、鸡片等荤菜，也很适合拌蔬菜如莴笋、黄瓜等，成菜颜色相对好看。

师父还告诉我，其实最初的肺片里根本没有牛肉，大家都喜欢吃牛肚和牛头皮，牛头皮在里面最为出彩，透明、香脆、有嚼劲，且富含胶原蛋白。只是随着店铺生意的兴隆，牛杂越来越俏，商家们才想到了搭配点牛肉进去。好在这牛肉咬进嘴去较为松散，与牛杂搭配有绵有硬，口感还真不错。所以说，传承中有改变是正常的，希望更多的厨师能够真正领悟这道菜的制作精髓。

夫妻肺片为啥没有肺?

在川菜里,夫妻肺片没有肺这种看似笑话的说辞,其实是屡见不鲜的。比如鱼香肉丝没有鱼,野鸡红里没有鸡,等等,时常让食客不得其解。然而,这种类型的菜名却并非空穴来风,其背后也有着相应的历史与渊源。就拿夫妻肺片来说,这名字的来历虽然不到百年,但肺片在成都却已经有上百年的历史。对此,在师父和胡廉泉先生的讲解下,我也梳理出了一些脉络。

成都地区主要出产黄牛,最早时候的牛下水(牛肚、牛舌、牛心、牛头皮、牛蹄子)等都是不吃的,常被丢弃。据说当年路人常在路上捡到这些东西,带回家清理后用来做菜。有心之人在这些废弃的食材上看到了商机,便加以利用,将这些食材做成了小吃,提着篮子沿街叫卖。

那时,这肺片主要集中在皇城售卖,因此也叫"皇城肺片"。商贩们提着篮子在路上吆喝,篮子一边装着已经调好的调料缸子,一边装着切好的肺片。肺片里牛头皮最多,牛肚次之,剩下的就是牛舌、牛心等。各种食材在

篮子里被商贩码得整整齐齐，食客拿起筷子夹起肺片，在调料缸子里一蘸，蹲在街沿边就吃了起来。

李劼人先生曾经在小说《大波》中描述道："黄澜生一凝神，才发觉自己的大腿正撞在一口相当大的乌黑瓦盆上……光是瓦盆打碎倒在其次，说他赔不起，是指盛在盆内、堆尖冒檐、约莫上千片的牛脑壳皮。这种用五香卤水煮好，又用熟油辣子和调料拌得红彤彤的牛脑壳皮，每片有半个巴掌大，薄得像明角灯片；吃在口里，又辣、又麻、又香、又有味，不用说了，而且咬得脆砰砰的极有趣。这是成都皇城坝回民特制的一种有名小吃，正经名称叫盆盆肉，诨名叫两头望，后世称为牛肺片的便是。"

这一故事不仅为我们提供了相应的历史线索，也从侧面告诉我们，在那个时代，这小吃就已经是"肺片"的写法。同时先生却又认为这种写法其实是不够贴切的，因为这肺片里面根本没有肺呀。他在《大波》中对牛肺片的注释为："大概在1920年前后，牛脑壳皮内和入牛杂碎；其后，几乎以牛杂碎为主，故易此称谓，疑'肺片'为'废片'之讹。"

可事实真的是这样吗？

师父说，这肺片的最初来源，也是从凉拌牛杂中得来的。"肺片没有肺，这话就说不圆。但是这里面最初是不是有肺却很难说，可能有，也有可能没有。只是这肺，在这道小吃里面确实显得低档了些。因为肺的质地跟牛头皮、牛心、牛肚等不一样，韧性和嚼劲都相对较差；同时，牛肺是一种很难清理的食材，里面有许多管状，如果煮硬一点，吃上去是脆的，但口感却相对较差，若煮久一点，就煮软了，要茸。"

曾经一度"不是夫妻不能吃"的肺片

20世纪30年代，成都的郭朝华、张田政夫妇以专卖肺片为生。师父说："那时候他们两口子在家将肺片做好，提着篮子一起出来售卖，左右不离。人们喜欢吃他们做的肺片，但是又叫不出他们的名字，见他俩总是夫妻相随，就干脆叫'夫妻肺片'，于是夫妻肺片就传开了。"

到了20世纪50年代，夫妻肺片已经开始有了自己的小摊位。郭朝华、

张田政夫妇本身就靠卖牛杂起家，会因季节变化而增加一些种类，比如到了冬天他们就会在肺片旁边放一口锅，里面烧着牛杂萝卜，这样一来不仅增加了食物的种类，也可以让顾客吃到暖和的食物。那时候，顾客吃一片肺片或者一块萝卜，就放一个小钱在旁边，以此类推，最后以小钱算账。只是夫妻肺片都是小本经营，因此更受青年人和干体力活的人的喜爱。

20世纪50年代以后，餐饮行业归为国有，夫妻肺片在很长一段时间都没有在大街上出现过，因其名声较大，出现了一家以"夫妻肺片"为招牌的店铺。

"这不是噱头，是真实的事。1966年，我在名小吃中心店当经理，夫妻肺片是中心店管辖的一个店，还有个分店在提督街街口。我那天到店参加劳动，遇到一个外地人问我：'师傅，我是一个人，能不能吃一份夫妻肺片？'我说可以啊，他说：'我还以为夫妻肺片要夫妻才能吃！'"师父讲起这些有趣的经历，笑得合不拢嘴。

那夫妻肺片这道菜又是如何进入筵席的呢？胡廉泉先生介绍说，改革开放以后，小吃跟筵席上的菜已经有了新的穿插组合，许多小吃可以一起组合成凉菜拼盘上席桌，夫妻肺片也就在这时开始华丽转身。那时外地客人来成都吃小吃时，都需要一家一家地走，每家几乎只能吃一个品种，感到很不方便，也留下了些许遗憾。后来有人建议说，能不能搞一个综合性的小吃店，让人一次性地品尝到更多的成都小吃呢？于是就有了"龙抄手餐厅"这种以小吃为主，配以传统冷热川菜的经营形式。它每天供应的小吃有二十余种，同时还承办各种小吃筵席。筵席上除菜肴外，小吃也有十余种之多。夫妻肺片是作为冷菜跻身筵席的。

"这一做法，逐渐得到许多餐厅的仿效，并在原有的基础上加以合理改进。有的归入菜肴如夫妻肺片、棒棒鸡丝、小笼牛肉、麻婆豆腐等，有的归入点心，如龙抄手、钟水饺、赖汤圆、担担面等。再就是减少每样小吃的分量，使客人一次能品尝到更多的成都名小吃。"师父对此也是非常认可的，不管是龙抄手还是夫妻肺片，都在不断的改进中找到了更加适合自己的位置。

麻婆豆腐——下饭神器

在四川人的餐桌上，无论是在家宴、小餐馆还是高档筵席上，只要是吃川菜，基本都能见到麻婆豆腐这道菜，白里透红，亮汁亮油，豆瓣的红，蒜苗的青，红绿相间，让人食欲大增。拈一块入口，"麻、辣、鲜、香、酥、嫩、浑（四川话，kún）、烫"齐聚嘴间，让人欲罢不能。而听这菜名，总会让人在脑海中浮现出一位脸上长着麻点的可爱婆婆，用她那独特的厨艺为食客们做出一份份勾人食欲的豆腐，并被后来的厨师们效仿、研究与传承，最终成为一道驰名海内外的老川菜经典菜品。

师父说，一道正宗的麻婆豆腐，定是色泽红亮，红色、绿色、白色都要齐全。亮汁亮油，即不能光看到油，又必须要有汁。而且从某种意义上来讲，汁比油还要多，因为这个是调羹菜，是下饭的菜，而不是下酒的菜。很多人都说，麻婆豆腐最适合焖锅饭，刚刚起锅的饭，热气腾腾，用勺子舀点刚起锅的麻婆豆腐在饭里合着吃，那味道能让人留下难忘的记忆。

豆腐的选择不仅重要，而且要勾两三次芡

其实，正宗的麻婆豆腐之所以如此好吃，跟豆腐本身有很大的关系。四川的豆腐分为胆水豆腐和石膏豆腐。师父曾经查过很多资料，得知麻婆豆腐就是用的石膏豆腐，可为什么不选用胆水豆腐呢？原来是因为胆水豆腐中间有许多空洞，就像蜂窝一样，显得较老，绵扎带劲，达不到石膏豆腐的嫩度，更适合蘸来吃。而在磨制豆浆的过程中，石磨豆浆又要比机器磨出来的豆浆好许多，出浆的纯度高，且没有什么损坏。曾经的老成都，还有着南豆腐和北豆腐之说，南豆腐太嫩，北豆腐太老，所以后来陈麻婆店的豆腐都是

自己推的，即介于南北之间的豆腐，用石膏来点。

豆腐选好以后，要将其切成约三厘米的小块，再配上牛肉末、蒜苗、辣椒面、花椒粉等辅料。将豆腐放入有盐的水中煮一分钟左右捞起。温油下牛肉末炒制，再加辣椒面合炒，加汤烧开，然后下豆腐、蒜苗烧两三分钟。最后勾芡起锅。在师父看来，整个麻婆豆腐的制作过程，勾芡最为重要，需要经过两次或三次操作方可做得地道。

为什么要勾两三次芡呢？因为勾芡的主要作用就是收汁、保温，收汁不是一次完成的。如果汤汁仍然多而稀，再勾第二次或第三次，直至汁浓吐油即可。需要注意的是，每次勾芡都不宜多。现在许多厨师做麻婆豆腐，有个很普遍的问题——芡粉太重，或者看不到汁水，或者芡粉成坨，面上一层油。因此，勾芡这个步骤尤为重要。

　　师父从20世纪60年代开始做麻婆豆腐这道菜，也是在不断地尝试、研究与调整中，慢慢将这道菜做成自己心目中的最佳样子。这些年里，调整最多的还是在配料上。随着调味品的层出不穷，需要调整的细节就越来越多。而食材也有了许多的延伸或者演变，比如麻婆大虾、麻婆龙虾、麻婆鲍鱼等，都用麻婆豆腐的方式来做。

　　师父告诉我，作为一名食客，想要吃到正宗的麻婆豆腐，就必须要牢记麻婆豆腐的八个特点：麻、辣、鲜、香、酥、嫩、浑、烫。

　　首先是麻辣，麻的口感来自花椒面，辣味来自辣椒面和新鲜豆瓣酱的混合，作为麻婆豆腐较明显的两个特点，不仅是体现特殊风味，更是对食者味觉的强烈刺激。因此，同水煮牛肉一样，麻婆豆腐也是川菜中最具冲击力的代表菜之一。其次是鲜香，鲜来自于牛肉臊子与烧豆腐的高汤的结合，成菜前撒上的青蒜苗则会散发出的蒜苗独特的清香，趁着成菜的热气升腾，鲜香味更是扑鼻而来。酥，是一个综合性的口感。师父认为这里的"酥"应是酥香、酥软、酥嫩、酥松，而不是酥脆。现在有的厨师为了追求酥脆，把牛肉末最后撒上，以保持酥脆感，这是极大的误会。它应是整体扑鼻而入的酥香，豆腐入口即化的酥软、酥嫩，牛肉在高汤里烧制后的酥松形状。然后是嫩，豆腐要嫩，火候十分关键，要烧制得法，有棱有角而拈则易碎，因此多用勺子舀食，称调羹菜。豆腐品种则倾向于用石膏豆腐，石膏豆腐组织紧密，成菜较胆水豆腐更嫩。浑，指的就是豆腐的形状要完整，浑而不烂，完整成型，这就对厨师的烹饪手法有要求，一般用锅铲背轻推豆腐以保持豆腐自始至终都方正有型。最后是烫，这道菜要烫，吃起来才好吃。而要达到

这个要求，就必须做到油、芡的精准把握，芡包裹着豆腐起到第一道保温作用，油覆盖在面上，热度就散发不出去，盛出最好用碗装，碗深也利于温度的保持而使成菜带着锅气呈现在食客面前。一道正宗的麻婆豆腐，经过厨师的精心烹制，吃进嘴里一定是麻辣鲜香、酥嫩浑烫。

除去这些，师父还告知我一定要注意这些细节：首先就是要看豆腐的油量，亮汁亮油是这道菜的特点之一，若发现成品豆腐干瘪瘪的，则欠汁水，牛肉的味道也突显不出来，更谈不上有滋有味。

麻婆豆腐的来源

据《川菜志》记载，陈麻婆豆腐于清同治元年（1862）由陈春富创立，位于成都北面的万福桥边上的河坝，取名为"陈兴盛饭铺"，寓意陈氏家庭兴盛，生意兴隆。由于万福桥是通往洞子口、崇义桥、新繁等场镇的交通要道，因此就有许多挑油担子的脚夫经常在这里歇脚吃饭。刚开始时，这家店只是以卖小菜饭为主，他家隔壁刚好有一家王姓的豆腐坊，经常会把豆腐送过来代销，附近卖猪肉的、卖牛肉的小商贩也经常在这一带歇脚，所以歇客人就常常买点豆腐，带点猪肉、牛肉等让陈麻婆加工，她家的饭也因此大卖。

成都博物馆陈兴盛饭铺场景（摄影：曾杰）

20世纪70年代的成都陈麻婆豆腐店（来源：《中国名菜集锦·四川卷》）

20世纪50年代以后，麻婆豆腐的店铺成了国有企业，很多人都很难再像以前一样轻易吃到店铺里这道菜。坐落在玉龙街的陈麻婆豆腐店，招牌还是李劼人写的。

麻婆豆腐的历史与演变，曾经也受到过一些质疑。比如台湾一位哲学教授就曾经在他的书中不承认麻婆豆腐的历史，说是四川人编撰了这样一个故事。

另外，听胡廉泉先生讲，日本人在很早以前就开始生产麻婆豆腐罐头和回锅肉罐头。20世纪80年代，成都罐头厂的人前来找过胡先生，并带了日本人做的麻婆豆腐罐头来让先生品尝。打开发现他们的罐头里面根本就没有辣椒和花椒等，一片白花花的亮。他们也就只是利用了麻婆豆腐的名气而已。

成都罐头厂来找胡廉泉先生，是想与成都市饮食公司合作，他们说麻婆豆腐是完美的成都本土小吃，日本人可以做，为什么我们成都就不能做呢？

但是当时的生产条件有限，成都罐头厂的生产设备根本就达不到做正宗麻婆豆腐罐头的水平，其中就存在几个问题：一个是蒜苗用在罐头里面，如何保留它的鲜香？因为要做罐头，蒜苗就得脱水，如现在的方便面一样，调料都是脱水处理的，但那时没有这个条件。第二个问题是吃的时候又怎么加热处理？所以成都罐头厂就没有做成。

"当年市公司为了研究这个，单独做了调料包，里面包含了油和酥臊子，吃的时候再加汤和豆腐、蒜苗，与日本人生产的罐头完全区别开来。"胡廉泉先生回忆道。

"烘"还是"熠"，来听老成都人怎么说

麻婆豆腐的烹制方法在四川地区有好几种说法，比如说"烧""烘"和"熠"（音dú），这三种说法，在不同的地区以相同的形式呈现，让许多外地人看不太明白，而我的师父将它们都归类为"烧"，属"烧"里面的"家常烧"。

"家常烧"这个概念是胡廉泉先生在编撰《川菜烹饪事典》时提出来的。鉴于当时一些厨师经常将诸如笋子烧牛肉、软烧鲢鱼、豆瓣海参等一类菜都纳入"红烧"范畴。这在概念上是混乱的。"红烧"是用糖色或酱油，

汤汁呈浅棕红色。如红烧海参、红烧鱼翅、红烧什锦、红烧豆腐等。而笋子烧牛肉、豆瓣海参这些菜则是用豆瓣来体现"家常"风味的。

麻婆豆腐也是其中一个，水煮牛肉也是，魔芋烧鸭子也是。不仅豆瓣是四川人家里的常备品，泡菜、酸菜也是，用它们做菜，也应归入"家常烧"的范畴。所以当年胡廉泉先生提出"家常烧"这个概念，得到了成渝两地老师傅的认可。

那为什么在四川又有"烘"和"熠"等说法呢？

事实上，"烘"是带有地域性质的一种说法。1924年，冯家吉在一首《竹枝词》中写道："麻婆陈氏尚传名，豆腐烘来味最精。万福桥边帘影动，合沽春酒醉先生。"其中就有提到"烘"这说法。后来师父专程去了成都附近的彭州，这个地方的人就常说"烘"豆腐。万福桥是成都到彭州的必经之路，当时到彭州去担油的脚夫，都喜欢在陈麻婆豆腐店里休息吃饭。所以，在四川方言里，"烘"这个说法是带有地域性质的，很多字词因为地域性的关系，在发音上就存在着一些不同。

"熠"又是什么意思呢？

根据师父的理解，以前陈麻婆豆腐店的薛祥顺师傅熠豆腐时，他会先烧一锅豆腐，把水豆粉下锅了以后，再端到旁边的偏火眼上去熠，用以保持温度。豆腐在偏火眼上发出"咕嘟咕嘟"的声音，人们根据这个声音来说它是"熠"，无论从视觉还是听觉来说，这加了芡粉的豆腐都是活灵活现的。

由此看来，按照字面来讲，"烘"就需要火大，汤一去就会急剧蒸发，带着烘的性质，所以才有"急火豆腐"的说法。

烧豆腐用的时间其实并不太长，有些只需要两三分钟就起锅了，如果烧前豆腐就已先过水或"除毛"（给豆腐过水时加盐，追出胆水的苦涩，同时添加底味），时间就更短。以前的陈麻婆豆腐以碗为单位售卖，在生意很好时，厨师薛师傅会先做上一大锅，然后放在偏火上慢慢"咕嘟咕嘟"，需要时就盛上一碗碗端出去。所以，麻婆豆腐的制作方式，用"烧""烘"和"熠"来说，都是没有什么问题的。

对麻婆豆腐，有人望而生畏，有人却胃口大开

师父在美国荣乐园期间经常做麻婆豆腐，因为这菜在美国也很受欢迎，当地人特别喜欢吃四川的麻辣味道。有一天师父在厨房里做菜时，一位服务生跑进来说："有位女客人说不辣不给钱！"其实外国食客就是特别想来尝试什么叫作麻辣。师父就依着麻婆豆腐本身的麻辣味道来做，并在里面多加了一些辣椒面，让这群食客吃得心服口服。

现在的许多餐厅，都一味地去改变菜品本身的味道迎合外地食客。事实上对于外地客人来说，他们并不需要我们去过多改变菜品本身的口味去迎合他们的需求，按照我们的本味来做，或许才是他们最想要的。许多人会认为，吃当地美食，就像一场冒险的旅程，可以带给他们无限的刺激与惊喜。

不过，这种情况也要分区域，"老外"具有一定的冒险精神，在国内很多地方可能就行不通。

　　1985年，胡廉泉先生带厨师们去桂林表演川菜烹饪，其中也有麻婆豆腐这道菜。刚开始时，大家做豆腐都要加花椒面，开始还没有什么异样，但后来就发现出了问题，有客人找到刘伯川先生，问豆腐里面都加了些什么，有人吃了喘不过气，有人被麻得说不出话来，怀疑是不是中毒了。这样一来，之后做的菜里面就不敢再放花椒面。胡先生还跟大家开玩笑说："我们的麻婆豆腐现在都不麻咯！"

　　在去桂林的时候，胡先生也带了几百斤豆瓣过去。刚开始时，每天烧一锅麻婆豆腐都卖不完，可能是大家对辣椒、花椒都不大接受，所以总要剩一些。当时桂林一些宾馆都派服务员来学习、帮忙，有时到了开饭时间，一些服务员没有菜下饭，就来找胡先生讨菜，胡先生就给他们舀麻婆豆腐，这些服务员开始不知道是什么菜，面露难色，胡先生就给他们说你们吃了一次就想吃二次。事实果真如此，从此以后，这群人就天天来要豆腐吃。胡先生在离开桂林时剩下的豆瓣，最后全部送给了他们。

　　说到吃，其实很多人都想去尝试新的东西，只不过有些人吃着放弃了，有些人却在吃的过程中不断适应，最终找到属于自己的口味。而我们四川的麻婆豆腐，成为一个传奇，有人望而生畏，有人却胃口大开。

　　可能有的人会奇怪，为什么这里讲的麻婆豆腐，调料中只用了辣椒面而没有用豆瓣？这是因为传统的做法就是这样。现在许多厨师用豆瓣或者豆瓣、辣椒面兼用，这对菜品的风味无太大影响，所以也是可以的。

传奇料理

师父教我吃川菜

HOW TO TASTE SICHUAN CUISINE:
LEARNING FROM MASTER

开水白菜——清水出芙蓉

其实，写这道菜时，我内心是有几分忐忑的。

为何有这样的担忧呢？这是因为，无论是在川菜的各种老典籍，还是今天的众多新媒体，开水白菜一直都是人争相谈论的话题。无论是早年的文人雅士，还是今天的各路新贵，开水白菜，也从来都不曾在他们的餐桌上缺席。然而，我查阅了很多老菜谱，也拜读了不少有关它的文章，很遗憾，至今没有人将这道菜真正讲清楚、讲通透。老菜谱仅仅是指南，告诉你主料、配料、调味料的组成和简单的制作方法，非内行不能解其意；而那些铺天盖地的文章，不是道听途说后加以个人臆想的胡编乱造，就是东拼西凑复制粘贴后的断章取义。

一碗开水，缘何惊艳八方？

一道制作到位的开水白菜端上桌来并无什么稀奇之处：汤色呈浅浅的茶色，清澈如水，几瓣浅黄色的白菜静卧汤中，如此而已。然而一入口，它的清香淡雅、醇厚绵长会立刻惊艳四座，令人回味无穷。凡是吃过正宗开水白菜的人和对开水白菜有所了解的人或早已有此共识。

师父说，评判这道菜成功与否的标准是，色泽要清爽，汤中不能有任何杂质，必须清澈见底，哪怕有一滴油珠漂浮在汤中，均视为厨技不过关。

观摩过师父做这道菜，并听他同步讲解，才知这碗相貌看似平平无奇的开水白菜是多么来之不易。

这道菜，主料白菜看似并无什么特殊之处，但其实对它的要求是近乎苛刻的。选材必须是黄秧白（也叫黄牙白），现在也可以用娃娃菜来做，剥掉

整棵白菜大部分外层，只留里面最嫩的菜心，差不多三层左右的菜帮，还要成棵状，不能是散心。去头，然后每片菜心用小刀剔掉筋，再将菜心中间剖开，各切两刀或三刀，使菜心分为四瓣或六瓣，上下要切得宽度一致。这就算完成了白菜的第一步制作。

第二步：将准备好的菜心在开水里汨一下，备用。"汨菜心的时间一定要把控好，水烧大开，菜心下锅只是一滚就立刻捞出，汨菜心的目的是去其生味。"师父边做边讲解。

看着师父娴熟麻利的动作我真的非常感动，谁能相信这是一位七十七岁高龄的老人在灶台间自如挥舞呢？

熬汤不稀奇，"扫汤"才是绝活

这道菜的关键在汤。这个汤是一种特制清汤。

第一步：将鸡、鸭、火腿、排骨、瘦肉等一起在冷水中烧开，紧一道，去血腥和杂质。

第二步：将这些原料捞出放入清水中反复漂洗干净，装罐，加葱、姜，适量黄酒，加水烧开，转小火继续煮五六个小时，待原料煮软后，鲜味全部溢于汤中，捞出所有原料和大的杂质。此为一般清汤。

第三步：将一般清汤置一旁沉淀，待澄清后倒入另一锅中。

第四步：分别将纯瘦猪肉和鸡脯肉捶细成茸状（行业内称红茸子和白茸子），将红茸子和白茸子分别加适量冷汤解散。

第五步：扫汤。将一般清汤用大火烧开，加盐、胡椒粉调味，用手勺将拌好的红茸子倒入汤中，大火烧开之后调到小火继续慢慢熬煮，渐渐地，汤里的红茸子浮了上来，下面的汤变得清澈，待红茸子成朵状时，用手勺取出；汤汁继续烧开，再把白茸子倒入锅中，依照以上方法把汤清好、烧开，离火后待汤汁沉淀至澄清如水时，再用纱布将汤汁过滤。这个过程，行业叫"扫汤"。扫汤的目的是除去汤里面的杂质，增加汤的鲜味。经过两次扫汤，汤总算彻底变得色如淡茶，清可见底，鲜香味浓。此时，特制清汤才算制好。

我问师父，扫汤这个环节的关键点在哪里呢？师父告诉我，刚开始做好的汤，严格意义上叫毛汤，也叫坯子，是精加工的半成品。在扫汤这个环节，每个师傅手法有所不同。扫汤分两次，有些师傅是先扫一次，走菜之前再扫一次。关键是，扫汤之前一定要把盐放进去，不放盐，汤永远不清——此乃钠离子的作用。"加盐的同时把胡椒面也加了，扫的时候就把胡椒面的渣渣也扫了。最多有点油珠珠，打掉就是了。清澈如水，清澈见底的嘛！"师父告诉我，一份开水白菜至少要用一斤半到两斤汤。他还回忆说，早在1997年，他在成都沙湾老会展中心时，吊一锅清汤的成本是一斤六十元。我掐指一算，今天的一份开水白菜，光是这"开水"的成本也得好几百吧。

"还有一点也很重要，"胡廉泉先生补充道，"很多厨师用清水改茸子，一些书上也是这样写的。其实要用冷汤，清水改汤不能增加汤的鲜味。"胡先生说，多年前一个香港新闻代表团来成都，主办方接待，总共四桌，我陪一桌。那天的菜单上就有一道清汤菜。下席后，厨师长问我，今天的清汤怎么样？我说，不怎么样。他急了说道，我扫了三道！我说，你用啥子改的茸子？他说，清水。我说，所以才越扫鲜味越淡。厨师长问我咋回事，我就跟他说，汤改茸子才是王道。

"我听说，扫完汤的茸子，不可以拿来做馅儿、做臊子？"我向师父和

胡先生求证，他俩呵呵一笑："狗都不吃。"这个不难理解，因为经过两次的扫汤，杂质全部吸附在肉饼上了，而肉的鲜味也全都进了汤里。

"有的厨师熬汤时好像还加了肘子、干贝等。"我继续问。

"加这些无非是为了增加鲜味嘛！"师父回答，"不过我认为，加肘子无可厚非，加海味就要视情况而定，开水白菜不适合用海味来吊清汤，吃的就是一个清香淡雅的风味，最寻常的菜，用最高档的汤。正所谓'原料原汤，原汤原汁，原汁原味'。"

这道菜的最后一道工序：汆好的菜心挤净水分，放在调好味的清汤中，上笼旺火蒸五分钟左右，走菜时翻在碗里即可。注意蒸时菜心要完全浸没在清汤中，锅盖一定盖严。

末了，师父还强调说，菜心蒸制的时间很重要，时间太短，菜心没有入味；太长，本来就极为细嫩的菜心很可能茸烂。这样的话，前面做了那么多工作，最后都会因菜心碎烂不整而前功尽弃。这些，都是长期不断的实践摸索总结出来的，没什么绝招，全靠厨师自己的经验。

百菜还是白菜好

这道菜说起来至少也有一百多年的历史，是道老菜。据师父讲，早在他们的师爷蓝光鉴先生那个时代，成都那些名餐厅、包席馆就已经有了开水白菜，"过去叫清汤白菜，后来一些有身份的客人觉得汤色像开水一样清澈，就逐渐叫开水白菜了"。而且，这道菜的烹制早已成为名厨大师的厨技象征，"开水白菜做不好，名厨大师也枉然"，这样的说法在川菜界由来已久。

讲起自己的司厨经历，师父总说自己特别幸运。他说，好多厨师终其一生也没机会做开水白菜这样的大菜，而他，年轻的时候在荣乐园时就得到他的师父张松云先生的特别器重，不管是什么重活、难做的菜，张老先生总是说："开发，去做！"正是在那样的严格要求下，他人生的第一份坛子肉、开水白菜等大菜诞生了。

彼时的成都荣乐园，汤菜是很有名的，开水白菜正是它的当家菜。现在上了年纪的老成都人都还记得这样一句话："荣乐园的菜淹死人，颐之时的菜啬死人，竟成园的菜胀死人"。这个淹死人，指的就是包括开水白菜在内的一些高难度汤菜；而颐之时的菜因为份量小非常精致，所以叫"啬死人"，吝啬的啬；竟成园的菜份量很大，去的人都吃得很饱，所以有"胀死人"之说。我想，如果不是因为开水白菜让寻常的白菜有了如此高雅脱俗的展现，那句"百菜还是白菜好"恐怕也不会被文人雅士津津乐道这么多年。

谈到这个菜的起源，我猜测绝对不会来自民间，一定出自大户人家或官宦。因为普通人家没有条件啊！那么多东西熬一锅汤，好奢侈！一定是官派。师父和胡先生也比较认可我的看法。我听王旭东先生讲，他所知道的，好像是罗国荣等人创制出来的，那时候罗国荣师傅就在颐之时司厨，给当时的有钱人、军阀、金融帮做菜。

我还从王旭东先生那儿得知，开水白菜第一次走出四川到北京、走出国门是在20世纪50年代，确切讲是1954年，川菜进入国宴，是周恩来亲自批示的。1959年北京成立四川饭店，郭沫若题写的店名，主厨的是川菜大师陈松如。开水白菜是被当作四川饭店庆典宴会的汤菜上席的，周恩来等国家领导人都对此菜倍加赞赏。当时北京四川饭店的开水白菜同样也受到外国宾客的接纳和喜爱，日本客人尤其欣赏，他们不仅在席间细细品味，还将此菜的烹制过程录制到了他们制作的《中华美食集萃》录影带中。当年，这道菜还被陈松如先生带到了新加坡，一时间轰动狮城。

我翻看了20世纪80年代出版的一些川菜老菜谱和书籍，如1987版的《北京饭店的四川菜》《筵款丰馐依样调鼎新录》《川菜筵席大全》，1988版的《四川菜谱》《四川菜系》《四川饭店》等书，均未找到开水白菜这道菜的身影。而在21世纪初的一些文化人的著作里，比如2004年出版的车辐先生的《川菜杂谈》，2006年出版的我的好友石光华的《我的川菜生活》，2013年出版的川菜名厨刘自华先生的《国宴大师说川菜》等书，则对开水白菜贡献了不少的笔墨。这些，都对开水白菜声名鹊起起到了很大的推动作用。尤其是这道菜所呈现出的清淡内敛、高雅脱俗的气质特别符合中国文人的精神追求。

如果说麻辣使川菜凸显个性，那么清淡则使川菜平添了几分典雅。而开水白菜，是让"清淡"达到了极致，到了登峰造极的境地。

中庸平和，大道至简，海纳百川，水利万物而不争，这些是我对开水白菜的理解。

雪花鸡淖——川菜中的分子料理

　　我国很多地方的佛寺道观，素有"吃鸡就似鸡""吃肉就似肉"的烹饪技艺，即将素料制成有荤味的菜肴，所谓"以素托荤"。而早在一百多年前的四川包席馆，则反其道而行之，有一个"吃鸡不见鸡""吃肉不见肉"，将荤料制成素形，即所谓"以荤托素"。

　　雪花鸡淖、鸡豆花这两道名肴便是传统川菜中以荤托素的杰出代表。

吃鸡不见鸡

　　师父亲手烹制的雪花鸡淖一端上桌，在座所有人无不惊叹：鸡肉竟然可以做成这样，实在太不可思议了！只见一堆洁白无瑕的"雪花"跟盛放它的

白色圆盘浑然一体，一些鲜红的细小颗粒点缀其上，白里透红，十分抢眼。

静静欣赏竟舍不得动筷。在师父"这个菜要趁热吃"的不停催促下我终于拈了一筷。入口细细品味，滑柔、细嫩、醇香，吃不出明显的鸡肉味，但确实很嫩很香，回味厚且悠长，非常奇妙的味觉体验。

这真是鸡肉做的菜吗？如果是，它又是如何变成这般美丽的雪花状的？

师父呵呵一笑，随即娓娓道来："这是一道制作极为精细的工艺菜，在我年轻的时候可是得到过你们师爷张大爷（张松云）的真传呢！"

听师父讲这完道菜的烹制过程，我将其归纳为以下四个步骤。

第一步：制鸡茸

嫩鸡鸡脯肉，去皮，排筋，拿刀背将鸡肉捶茸。不能有细颗粒在里面，所以需要先用刀背来捶，一直捶，使它慢慢成为泥状，最后拿刀口把一切有纤维的东西斩断。

第二步：调浆

捶好的鸡茸用冷汤改散（切记不能加热汤，热汤一下就粘起了，冷汤才能使鸡茸散开，并逐渐溶成一种浆状）。加入鸡蛋清调匀，最后加水豆粉和少许盐。如果要加点胡椒，那就是白胡椒粉泡水，因为雪白的鸡茸里面不能有杂质（白胡椒粉的水可加可不加，不绝对），这浆就算调好了。师父说鸡蛋清、冷汤、水豆粉的比例很重要："经过那么多年的不断摸索和实操，一份菜要多少茸子，我们心里面是有谱的，大概是'二四八'定律，二两鸡茸四个蛋清八两汤，再加五钱的干豆粉这就够了。"

第三步：软炒

先把锅制好，锅烧到一定程度后下化猪油，烧一会儿再来一次猪油，这样可以防止鸡茸粘锅。待油温达到六成热，把调好的浆加上一定的汤和匀冲下去，注意此时一定要加热汤下去，同时快速铲动它，两只手要密切配合，这个就叫"耍锅儿"。因为鸡茸、蛋清和豆粉非常容易凝固，左手端锅不停颠动它，右手不断铲动，最后才能呈现美丽的雪花状。

这种技法叫"软炒"。我问师父能否用菜籽油或色拉油代替猪油来炒制鸡茸，他老人家的回答是："这道菜成菜要求洁白如雪，菜籽油色黄，会影响成菜的色泽；而色拉油虽然无色，但其香味绝对达不到动物油在炼制过程中产生的特殊风味。"

第四步：加"蒙子"

鸡淖出锅装盘，将瘦火腿切成很细的颗粒，撒在鸡淖上面，就会看到雪白的一份菜上面有红色点缀，十分生动好看。火腿做蒙子除了增加色彩之外，它本身的鲜味，加上特殊的颗粒状，都会让这菜更具档次，如果全是鸡肉，附加值不够。

回忆起年轻时候的从业经历，师父说："这个菜，这么多年，那么多师傅，不见得请出一个师傅就炒得来。一般四六分馆子，炒菜馆子根本没有机会做。筵席上肯定有的，但包席馆子里面，有些人干了一辈子，却永远没机会做这道菜，如果大爷不信任你就不会喊你做，有些人只是看过，更多的人甚至连看都没有看到过。"

由于这道菜曾经几近失传，只是在一些文献上尚有记载，因此，当后来一些人翻看资料想重现这道菜时都屡遭失败。师父他老人家还清楚地记得，20世纪80年代他们对一些厨师进行技术职称考核时，"有的厨师，他炒份鸡淖，还要把蛋清搅打成蛋泡堆在鸡淖上面，而沦为笑谈。他连雪花鸡淖的概念都没弄清楚"。

而与雪花鸡淖有着异曲同工之妙的鸡豆花这道名菜，它选材、制鸡茸、调浆等步骤与雪花鸡淖完全一样，只不过鸡豆花是用汤冲，成菜是道清汤菜，口味口感更加清爽，而雪花鸡淖是用油炒，成菜是道炒菜。鸡豆花曾一度作为北京的四川饭店高规格宴请的看家汤菜，款待过不少国家领导人以及外宾。2015年，泰国公主诗琳通六十大寿，点名非要吃四川厨师做的鸡豆花。据说，为了这碗鸡豆花，负责操作寿宴的泰国团队提前半年就开始寻找厨师团队。厨师到位后，四十二名皇室成员严格试菜三次才过关。

每一步都是关键

师父介绍说，这两道菜所用食材就是普通的土鸡，烹制过程也并不复杂，但需要厨师眼明心细，每一步都要谨慎小心，任何一个小失误都无法补救。"一个环节错了，这道菜就不要再往下做了！"

第一个选鸡，鸡肉蛋白质的组织不能那么老，生长期长了筋就老，不容易排干净，嫩鸡效果更好。第二个刀工，鸡茸没有捶好，就会吃到纤维，口感会显粗糙。第三个兑浆的比例，如果水不够，豆粉不够，就会死死一块，口感显老；水多了豆粉多了，则呈稀泥状而非雪花状；再一个，水多了豆粉少了，就会吐水，导致鸡淖垮塌，菜的份量缩小，并且吃着只有肉感，没有嫩滑的感觉。

师父说，这些东西其实书上都有，都是公开的，烹饪学校里这个菜是必教的，但往往教了等于没有教，因为可能教的人自己都没有弄清楚。如果只是按照书本上照搬而没有多次的实践，是绝对掌握不好这两道菜的。有些人做出来的口感，就没有那种Q弹的感觉，有些很绵扎，有些像老豆腐，通通要不得。"经验必须自己去总结，光听光看是不行的，要仔细观察，还要去领悟。比如说抓水豆粉，抓几次，抓多少，每个师傅有自己的习惯和经验。本来这些东西就是，当你悟到了的时候也就不是什么问题了，所以说师父领进门修行看个人。"

几经演变的"淖"

清末时的《四季菜谱摘录》和《成都通览》均有关于雪花鸡淖这道菜的记载。由此可以推断此菜已有超过百年的历史。而菜名中出现"nao"或"lao"音，则可追溯到更早，胡廉泉先生收藏的一本道光年间的手抄本，就有"鸡酪鱼翅"这道菜。

胡先生是一位好学之人，不仅川菜方面的学问渊博，对于旁通的知识也善于钻研。听他讲雪花鸡淖的历史渊源，会脑洞大开。

　　他告诉我说，雪花鸡淖中这个"淖"字，他曾看到过四个写法，最早的是"闹"，另一种是"涝"，第三种是"酪"，还有一个就是现在的"淖"。胡先生认为，用"闹"字命菜名，毫无道理；"涝"，还勉强能沾到一点边，水多了，溏起了，成泥状了；"酪"，四川人并不读"lao"而读"luo"，音同"罗"；至于"淖"，成都有条街叫小淖坝，然而四川人依然叫它"小luo坝"，音同"罗"，没有人叫它"小nao坝"。但《成都通览》出现最多的是"闹"，不仅有"鸡闹"还有"松仁闹""牛乳闹""豆闹"。胡先生说："我估计这个'牛乳闹'就有点像广东那个大良炒鲜奶，炒牛奶，这是软炒的一个代表菜；而'松仁闹'呢，我专门记了笔记，是用甜酒、用糯米浆加松仁来炒，就说明它是用的糯米浆来炒的，但它是作为一种菜，还是作为一种食品，并没有做详细介绍；还有在《成都通览》里面看到有鸡豆花、海参鸡闹；另外我在整理《筵款丰馐依样调鼎新录》那本书时，里面有一个菜叫鸡酪鱼翅，就是用的'酪'；'淖'在《成都通览》中也用了，用到哪儿的？用到糖豆腐淖、熬醋豆腐淖、相料馓子豆腐淖，现在我们都喊豆腐脑了，没有哪个读'淖'，我在想这个'豆腐淖'很可能就是豆花。所以我就分析这个菜是学的北方菜，只是北方没保留下来，而我们四川一直把它保留至今。"

王旭东老师则认为，这道菜很可能是受了西方饮食的影响。他的理由是，近代重庆开埠以来，四川跟沿海跟下江的联系比较紧密，西方的一些饮食手法、调味品传到内地、传到四川。"因为奶酪的'酪'和鸡淖的'淖'，我们四川话都读'luo'，无论是成都那条街'小淖坝'，还是今天我们说的这道菜'雪花鸡淖'，都只是取了'luo'这个音而已。只不过人们爱乱写，就比如把'圆子汤'写成'原子汤'一样，原子弹的'原'，原子汤跟原子弹联系在一起好吓人，肯定就是错别字，尤其是用在菜谱上，估计当时编写菜谱的人也没想那么多，只是为了取其音而已。其实川菜的成形受了两次鸦片战争以后被迫开通商口岸的影响。贸易带来很多原材料，很多洋人通过坐船从下江到长江上游去往云南、贵州，传教士也多，肯定有所影响。"

雪花鸡淖和鸡豆花这两道菜实际上就是同一种"分子料理"。鸡脯肉通过烹饪变了性，变了形状、口味、口感，这样的结果给食客带来惊喜，鸡怎么能做成这个样子！

其实咱们中国最早的"分子"烹饪应该是豆腐，植物蛋白凝固，吃豆腐就看不到豆子，我们吃雪花鸡淖和鸡豆花也看不到鸡肉。所以，西方现在流行的"分子"烹饪，事实上我们的传统菜肴早已有所涉猎了。

鸡淖还是那个鸡淖

我曾经问到师父，今天我们品尝到的雪花鸡淖和鸡豆花与一百年前的是否一模一样？这么多年下来，对这两道菜有没有一些不同的理解？烹制技术有没有发生过一些变化？

师父的一番话颇具深意，他说，我们首先要守住这道菜，最大限度地还原它。我们扮演了一个守住的角色，如果守不住，传承便无从谈起，所以说，实际上鸡淖还是那个鸡淖，你必须搞清楚鸡淖的本质。其次，要去推广，要让更多人来接受。随着时代的发展，现代人对于食物的理解，包括健康饮食的理念，需要我们结合很多东西重新来理解和解读这道菜。"如果还是原原本本按照传统的做法，伤油（油重）是规避不了的，为什么呢？没有那点油就做不出来雪花状。那么推广起来，可能就会有点麻烦。因此我们做了一些调整，最大限度地使其不要伤油。具体做法就是给一些增鲜的料，比如给了一些汤，勾了一些薄芡，使它更滋润，更有亲和力，在口腔里面给人的体验感更强；另外给了一些辅料，从养眼、饱眼福这个角度，更强调视觉体验。目前看来，接受程度还算比较高。比如龙虾鸡淖这道菜，也是一种变革和提升，但前提是你必须先把鸡淖炒好，改良不是说把基本的都改没了。"

每每谈到一些传统川菜的改良创新问题，师父都会感慨，川菜一路走过来，竟然将很多不该丢的东西丢了，这是多么可惜的一件事情！现在都在讲创新，实际上连本、连基础都没有，谈创新就太滑稽了。师父一再教导我们，一定要多做、多思、多问，多做才会产生很多疑问，有了疑问你就要去想，想了你就要去问，做菜就是技术活，偷不得半点懒，"有少年科学家，有少年音乐家，但是找不到一个少年厨师，这个全靠经验，全靠积累，全靠实践"。

而眼下一些年轻厨师急功近利，师父对此痛心疾首："你看现在好多娃娃，三十多岁就'坤'起了，什么菜都炒不来，回锅肉都没有炒好就当厨师长了，一天到晚想当大师，用几千块钱买一个大师牌子，风气太不好了。一些机构也都在搞钱，还卖牌子，什么注册大师、骨灰级大师，简直闹笑话！"

神仙鸭——此物只应天上有

　　说到神仙鸭这道菜，现在很多人可能并不熟悉，就算有所耳闻恐怕也没见过，更别说亲口品尝过了。据师父讲，就连当年他司厨的成都著名餐馆荣乐园，这道菜也不是经常做，更不是每个厨师都有机会去做。元富师兄也感慨说，自己入行四十余年，除见师父做过外，还没有见其他师傅做过。庆幸的是，三年前，在师父和元富师兄的共同努力下，这道菜又得以重现，让更多的人有了一饱眼福和口福的机会。

传统的四大柱和四行菜

　　尽管淡出人们的视野这么久，神仙鸭这道菜在传统川菜筵席中的份量却从未减轻。因为它是一道大菜，是川菜筵席里的四大柱菜之一，少了它，整桌筵席将撑不起来，犹如造房缺了一根顶梁的柱子。

　　师父介绍说，传统川菜筵席上的热菜，又称为大菜，一般八菜一汤或者七菜二汤。八个大菜中，又分为"四大柱"和"四行菜"。四大柱分别指的是头菜、鸭菜、鱼菜和甜菜。这四大柱菜就像筵席赖以支撑的四个柱子，缺了任何一样，这个筵席就"柱子不全"。四行菜，是指穿插在四个柱菜之间上到席桌的菜，"四行菜"与"四大柱"相比内容要灵活一些，所用的食材更宽泛。"四行菜"一般包括：香炸类的菜，烧烩类的菜，二汤（也称中汤）以及素菜。由于整个筵席通常都要上两道汤，"行菜"中的这道汤便叫作"二汤或中汤"，以区别最后一个"坐汤"，也就是押座的汤。

　　师父说："过去鸭子在成都地区是作为筵席大菜上的，成都的席桌可以不上全鸡，但必须要上全鸭，四大柱之一。一桌席，柱菜、行菜各四，头菜、

鸭子、鱼、甜菜为柱菜，成都的四大柱菜是没有鸡的，必须要有鸭和鱼，并且鸭和鱼都要求上全的，有些即便要改刀，像樟茶鸭这种，摆的时候也要求摆成整鸭状。"可见，鸭子在传统川菜中的地位是无可替代的。

何以取名"神仙鸭"

有一天，我特意邀请了几位来自上海的朋友以及胡廉泉先生一起去松云泽，品尝师父亲自操刀制作的神仙鸭。

那天，仅"神仙鸭"这个菜名，就让在座的宾客满怀想象和期待。良久，一只形态完整饱满、色泽棕红油亮、香气四溢的神仙鸭被送进包间，惊艳四座。筷子轻轻一拨即散，入口皮糯肉㸆，几乎用不着咀嚼便化渣咽下。更神奇的是，除了鸭肉本身的浓香，居然还混合着菌类和海鲜特有的鲜香，着实妙不可言。

一时间，争相给师父敬酒的、探究制作秘诀的、询问菜名由来的、埋头猛吃不语的……一场别开生面的"神仙鸭"美食主题讲座就此拉开。

"神仙"二字由何而来呢？这个问题自然由胡廉泉先生来回答。他说："这个菜至少有一百多年的历史了，我查的资料是一九二几年的，那时就叫'神仙鸭子'。但是后来的菜谱将它改名为'南边鸭子'，因为菜谱都是'文革'时印的，好多名字不让用，你还敢叫'神仙'？至于为啥改成'南边鸭子'，我专门请教过曾师傅（曾国华，师爷张松云的师弟）。曾师傅说这个菜来自南方，'南边'二字说明不是四川本地菜。但'南边鸭子'是没有颜色的，不像我们现在的棕红色，这一点说明我们川菜厨师善于学习，拿来后并没有完全照搬。满汉全席上也叫'南边鸭子'，但绝对是没有颜色的。我专门查过五六本书，其中一本叫《中国美食大典》，里面有两种说法，一说是山东菜。说孔府的第七十四代孙孔繁珂，在山西同州做官时吃了这道菜觉得太好吃了，就去追问做法。当得知做法后，孔繁珂惊叹不已，认为这样的烹制方法产生出的美味，一定是有神仙在暗中相助；另一种说法是，这是道民间菜，并特别点明是川菜。由此可以推断，川菜好多菜都是老一辈厨师向各地风味汲取营养，在这个基础上发展并保留下来的。我还查了1985年的一套书,有从神仙肉、神仙鸭、神仙鸡,甚至到神仙茄子等等以'神仙'命名的菜。不过,都没能保留下来,只有成都的保留下来了。"后来,胡廉泉先生还听到一种说法,说有一种盬子(器皿),上面有八仙过海或神仙打仗的图画,人们把这种器皿叫神仙盬子,鸭子就是放在这种器皿中蒸熟直接端上桌来,因此叫作"神仙鸭子"。

胡廉泉先生说,川菜有些菜确实是跟外地学的,但不是拿来就用,而是学其所长再加以创造发挥。他特别强调川菜的包容性与开放性:"现在也有很多外地厨师学习川菜的鱼香肉丝和宫保鸡丁,这不奇怪,本身就是大融合、大交流,是好事,但是就看你是提高了还是整糟糕了。"

绝世美味的炼成

师父告诉我们,秋天的麻鸭,或者一年以上的麻鸭是制作这道菜最上乘的原材料。至于为什么,我先卖个关子,后面再说。

传统的做法是这样的。

第一步:将麻鸭背开(也叫大开),去掉内脏,以保证鸭子的完整性。现在的烤鸭是翅膀底下开(小开)。

第二步:鸭子打整干净后,先在开水里面紧一下,姜、葱、花椒一并下锅,去血腥。捞出来晾起收水,淡淡抹上酱油,不要多了,过油炸一下,呈金黄色。把鸭子盘好,脚板、翅尖取掉,头、翅膀压于下方。

第三步:准备一张纱布,铺上火腿、玉兰片、冬笋,均切成一寸长的片状,行话叫"三叠水",鸭子肚子朝下放在三叠水上,然后将纱布对角扎好包起,再将包好的鸭子放入汤中,吃糖色,入咸鲜底味,切记宁淡勿咸。姜、葱、料酒加入汤中,可将边角余料如鸡脚、鸭脚、翅膀、骨头之类丢进去,增加鲜味,另加棒子骨进去,避免粘锅。

第四步:烧开,打泡子,然后慢慢煨,煨三到四个小时,出锅。

第五步:走菜时准备好鸭船(器皿),鸭子出锅后隔着纱布拍一下,使肉松散,解开纱布,翻转摆盘,一点不乱。

师父告诉我:"20世纪80年代之前,物资匮乏,燕窝鱼翅不敢用,熊掌没见过，连绍酒都没有。像神仙鸭这种大菜，有人吃才做，并且对季节又有高要求，再加上烹饪时间长、辅料多，还要把汁都收进去，所有辅料的鲜香味都进了鸭子里面，辅料最后都不要的，相当于运动员的陪练。"所以，那个时候做这道菜的机会可说是少得可怜。不过幸运的是，师父却与这道菜非常有缘，自年轻时开始一直有机会亲手制作。

师父清楚地记得，他第一次做这道菜还是在20世纪70年代末的荣乐园。当时的荣乐园已经成为"七二一大学"，要对很多传统菜品进行研究。荣乐园要教学，所以很多菜都做，不是为了供应市场，而是为了传承，很多传统菜都是荣乐园最先做出来的。"记得，我和李德福坐一张桌子，我们两个年龄最大，工龄最长，好多菜都喊我们两个做。当时普通包席二十五元钱一桌，市政府请客四十元一桌，省政府五十元一桌，副总理一级请客六十元一桌，都规定了标准，谁也不能乱来。并且不单卖，只上筵席。那时，人们的平均工资一个月才三十多块钱。荣乐园的虫草鸭，胸脯上插满虫草，足有三四十根，才卖五块钱，还没人来吃。记得那是1979年，童子街，成都市最贵的筵席一千块钱一桌。一千块钱的筵席什么概念？凉菜是百鸟朝凤，工艺大师张焕富和朱焕生亲自操刀，海参、鱿鱼、燕窝、鱼翅、熊掌、鲍鱼请齐，当初认为的高档食材基本请齐，放在现在恐怕得卖几十万哦！"

后来，这道菜也跟着师父一行川菜厨师们到了美国纽约荣乐园，并且很受美国顾客欢迎。

据师父回忆："在美国纽约荣乐园时，这个菜是写在菜谱上的，而且是卖得最好的一个菜。在美国时这道菜是要零卖的，鸭子在美国不贵，记得大概二十多美元，一碗汤圆都要卖五美元。在美国很受欢迎，首先是名字'神仙'，美国人觉得很新鲜很神秘；二是味道确实鲜香，成形完整饱满，非常大气。美国人不像我们这样自己拈，这个菜端来要先拿给顾客看，看过以后服务员要给人家分。服务员最喜欢老外分食，吃不完剩下的就可以自己吃。那些顾客第一次吃了，基本上下次来了又要点这道菜。美国的鸭子很肥，过水之后，炸时要多点时间，追去一部分油脂。荣乐园距离联合国大厦只有两三百米，各种名人与政界人士都会来，甚至带起保镖来吃。那时跟我们一起有个师傅叫李重宾的，做这道菜做出名了，大家都叫他'李神仙'，后来我们也没怎么联系了，如果活着的话现在应该快九十岁了吧。

"在美国时这道菜是作为主打菜的，我们每天要卖十几只鸭子，所以就用一种特制的不锈钢盒子，每个隔断都能装进一只鸭子，盒子摆好，先把纱布铺好，一次性把多只鸭子装进去，灌汤、酱油、葱姜、料酒下去一起蒸，煨变成了蒸。并且在美国时，为使菜品更具观赏性，还要搭点蔬菜，西兰花开水里轻轻焯一下，摆在周围，收汁，汁要浓稠一点，加点香油淋上去。"

选材是关键

为什么一定要秋天的麻鸭或一年以上的鸭子呢？这个问题元富师兄为我们做了详细的讲解。

原来，川菜界有句行话叫"鸡要鲜，鸭要香"，神仙鸭作为一道传统菜，不管是炖也好，煨也好，蒸也好，本身对鸭子的要求就很高。以前，成都人吃鸭子都在每年的中秋前后，秋鸭上市还要吃鸭子酒。这个时候鸭子的品质才能符合神仙鸭要求的炽糯和浓香。以前成都周边的鸭子一般都是2月份孵出来，然后在3月份开始放鸭子，鸭农赶起鸭子一路往成都走，小鸭们有鱼吃，有虫吃，有谷子吃，走到成都就成大鸭子了，一直到打完谷子。为啥打完谷子时鸭子最好？因为这个时候食物最充足，鸭子一路放过来，到成都已是8月，正是它最肥美的时候。如果还需要鸭子更肥，就要使劲给鸭子灌食物，最后鸭子肥到什么程度呢？耗子把它屁股咬了都不晓得，全部是油，哈哈！所以，要保证鸭子的品质，时间很重要。因为它要煨那么久，三四个小时。不过，现在的鸭子季节性没那么强了，但我们也选一年以上的鸭子。

为此，师父感慨："现在很多东西都是反到在整，什么嫩子鸡、嫩肥鸭，一点鲜香味都没有，唉！这些食材必须要讲究饲养时间，时间不够，鲜也鲜不到，香也香不到。"

那么，鸭子的选材有没有地域性呢？元富师兄说："成都周边的鸭子基本是麻鸭，都不错，比如蒲江、彭州一带。北京鸭也是个品种，但是它肥、嫩，却不香，特别是神仙鸭这个做法，就决定了它的食材一定要好，毕竟要

耗时三四个小时，尽量收汁，尽量少芡（如果火候把握得好，可不着芡自然收汁），辅料主料都在四个小时吐出味儿来了。另外，辅料可以加重一些，除了边角余料以外，还可以加点其他东西，我们加的是海味，就是为了使它的味道更饱满肥美。"

　　我的思绪几次被带到了20世纪七八十年代的成都。想象着那时的初春，成群结队的鸭子由鸭农带领从四面八方集结出发，开启它们生命中第一次或许也是唯一一次长途旅行。它们一路披荆斩棘过关斩将，经过漫长的春夏秋三个季节，优胜劣汰，能最终到达成都的，必然都是身体健康体格强健的，用一场华丽的生命之旅，成就了一次令人赞叹不已的美味佳肴。

竹荪素烩——素菜的饕餮盛宴

　　清代著名文学家、美食家袁枚用了四十多年时间搜集整理《随园食单》，记载了当时流行的三百多种菜肴美酒名茶。书成之后，《随园食单》开始在袁枚的朋友圈内传看，众人皆拍手叫绝。可这并没有让袁枚满意，总觉得还差些什么，思考良久才明白，做好任何事，最关键的是认真。于是他提笔在《戒单》中添上"戒苟且"，此单是袁枚思考之后的顿悟，虽然未涉及技艺，却是《随园食单》重要的点睛之笔，乃《戒单》一卷压轴之作。至此，二十须知和十四戒，成了饮食界的至理名言，而《随园食单》也如厨师界《圣经》般被顶礼膜拜。

　　我在写"竹荪素烩"时，一直在想元富师兄为什么要将这道菜"一素到底"呢？是跟袁枚先生当初对《随园食单》的认真一样，还是跟荣乐园百年传承的"匠人精神"有关？

为什么要将竹荪素烩"一素到底"？

　　竹荪素烩，一素到底并没有以荤托素，这个是元富师兄的创新和坚持。

　　元富师兄说："其实我对于传统川菜的创新一直很谨慎。从我的观察角度看，现在许多喊着'川菜要创新'的人，其实根本不懂川菜，他们不知道川菜的源头根本就是'一菜一格，百菜百味'，而非现在这样以辣统天下、油腻成多数。"一百多年前现代川菜逐渐成形，当时的川菜大师如我的祖师爷蓝光鉴、师爷张松云等就非常注重兼收并蓄，荟萃百家所长，成自家之风格。

　　"可以说，川菜在蓝光鉴时代就已经非常契合现代理念了，即尊重食材本身的性状，巧加自然地利用，而不像现在这样，一桌子乱配菜，麻辣油盐

成了主打，实在是既坏了顾客的身体，也坏了川菜的名声。"师父一直是退休厨师中的活跃分子，他老人家本可高高挂起，事不关己，但是目前川菜"不尊重传统，胡乱创新"的现状，让他不能坐视。

"在我看来，既然是一道竹荪素烩，我们就应该在以前'以荤托素'的基础上进行改进，让它一素到底，方能体现食材自然的本味。因为现代人对于素食的追求已不比从前了，作为一名厨师应该顺应食素者对于素的理解，无论是从食材的制作还是到汤的制作，都符合素食者的需求。这样一来，当我们接待素食者的时候，就可以很肯定地告诉他们，我们这道菜是一素到底的真素。"元富师兄说。

随着人们对素食的需求越来越多，一些素食馆在推广素食方面有着其独到之处，这是一种广泛性的趋势，值得我们学习。"我平时接触各类食材多一些，为了保证菜品的高品质，大多食材都是我亲自到产地去采购。说到竹荪，我们现在用的这个竹荪实际上是用的竹菇。"竹菇实际上就是竹荪每年初产时的第一批菇。

每年竹荪素烩所需用食材的最佳采摘时间竹菇3月、竹荪4月、香荪6月、冬荪12月。一般的师傅为节约时间和成本会用煤炭烘制，硫黄熏之，而正宗的应该是用枞炭烘制，因为只有用枞炭烘制出的竹荪（竹菇、香荪、冬荪）才能达到标准。

千秋百味，不如竹荪美味

把这道菜一素到底的缘由讲清楚了之后，我们现在再来听听师父他们那个年代的"竹荪素烩"的烹制方法。

"这竹荪号称素菜四大金刚（指豆制品、面筋、笋和菌类）之一，是寄生在枯竹根部的一种隐花菌类，形状略似网状干白蛇皮，它有深绿色的菌帽，雪白色的圆柱状菌柄，粉红色的蛋形菌托，在菌柄顶端有一围细致洁白的网状裙从菌盖向下铺开，被人们称为'雪裙仙子''山珍之花''真菌之花''菌中皇后'。吃起来脆嫩爽口、香甜鲜美，别具风味，作为菜肴，冠于诸菌，堪称色、香、味三绝，是宴席上著名的山珍。在菇类饮食文化的各大

菜系中，几乎都有竹荪名菜。"胡廉泉先生对于食材的研究颇深，随口便可道出许多食材的特性，以及关于这一食材烹制的各种名菜。其中，湘菜中的"竹荪芙蓉"便是我国国宴的一大名菜，1972年美国前总统尼克松和日本前首相田中角荣访华时，吃了这道菜后都赞不绝口。此外，如竹荪响螺汤、竹荪扒凤燕、竹荪烩鸡片等，都是很有名的美味佳肴，深受国内外宾客的喜爱。

要做好这道竹荪素烩，刀工处理很讲究。"老传统做法是把青笋、胡萝卜切成长块的方条之后，再将其两边切成锯齿状，摆盘的时候就跟锯齿花一样，十分美观。"师父说，过去做一道素菜，摆盘与造型很重要。待焯熟的竹荪、青笋、胡萝卜摆备好之后，走菜之前，锅里面加一点熟油，姜葱入锅爆一爆，爆出香味之时便可加入奶汤（如果是一素到底的素烩就需加入特制的素汤）烧开，然后滤掉里面的姜葱，加入盐和胡椒水（如果是素汤就不能加胡椒）等调味品。接着加入竹荪、青笋、胡萝卜爆炒一下，这个时候就需要勾点二流芡（指呈半流体状的芡汁。多用于汤汁不太多的烧、烩、炸、熘和以汤为主的羹汤一类的菜肴。二流芡的使用要求芡汁既要与主料交融一起，又呈流态）。不能太浓，因为素菜如果弄得太糊了，既不好看也不好吃。

这里需要注意的是，焯蔬菜时，要根据食材的特性该软的软，该脆的脆，否则胡萝卜或者青笋一旦焯久，筷子一夹就烂。所以，虽然是素烩但还是要掌握火候，这火候用在什么地方？就是用在焯菜的时候。

"古人做素菜十分讲究其中的雅气，因此，在做这道竹荪素烩的时候，我们要让它时尚与精致起来，让食客感觉到这道菜里面的雅气和文气。"胡廉泉先生补充说。这道菜在选料的时候也要有所取舍，要根据摆盘的需要只取食材最佳部分。烩好之后，装盘也是一种功夫。热菜在锅盘里面呈半汤半菜状，既要让它感觉很丰满有美感，还要将食材摆盘成放射状或风车形，这些都是考手艺的，对一个厨师的综合素质要求很高。

"在20世纪70年代做这个菜的时候，是有很多厨师围观的。胡大爷（这里指胡廉泉先生）应该知道，那个时候我们做的不是纯粹的包席馆，所以不是随便哪个厨师都做得出来的。成菜之后，原料达到了极致的美感，不仅体现了师傅的功底，也给观者带来极大的视觉冲击力。"师父回忆做这道菜时的场景。

以前的荣乐园要高档宴席上才有这道竹荪素烩。在20世纪80年代，一般的宴席只要二十五元钱一桌，五十元一桌的宴席都可以吃上鱼翅了，要是达到了六十元钱一桌的宴席，就会有很多同行来围观。到了宴席当天，后厨被围得里三层外三层的好不热闹。

"记得1972年，陈松如还在荣乐园，我那天正好帮柜上值班卖票，当天菜单上正好就有竹荪素烩。有客人问我说，你这个素烩有没有肉？我当时脑袋一下没有转过来，说怎么会没有肉呢！当我把票给对方时，一想不对，素烩怎么会有肉呢？于是，马上跑去问陈师傅，素烩我给人家说的有肉怎么办？陈师傅说，这个好办，加几片火腿就是了。"师父说起这个乌龙事件，至今仍然记得当时就是以专门的火腿菜心、火腿凤尾等菜肴与食客解释的。因为这些菜，在筵席上也是作为素菜上的。

如果从行业素菜来说，一般是可以"以荤托素"的，如果从寺庙素菜来说，那就绝对不能加荤。而且这个荤的范围还不小，除了动物肉类及脂肪，姜葱蒜以及刺激性的辣椒、花椒、胡椒、韭菜、洋葱、藠头、芹菜、韭菜等统统都不行。

胡廉泉先生说，如果要把这道菜一素到底，就离不开素高汤。这个素高汤简单来说就是用香菇、黄豆芽、冬菜熬出来的素清汤。但素清汤在行业内用得少，要想制好比荤汤还要难。因此，好多师傅并不擅长。现在的人，讲究追求的不一样了，对于食材的要求也随着健康理念而提高上升，他们更加重视回归自然，这也意味着食客们对于素汤的要求就更高了。

"我记得去美国荣乐园的时候，还专门带了一些竹荪去，结果美国人不知道这个是山珍食材，还以为是野味，硬是给埋没在仓库里了。那个时候的竹荪八十多元钱一斤，跟鱼翅的价格差不多。"师父说起这个事情就心痛。

素菜更能体现食物本来的味道

每道川菜各有各的使命，但内核始终只有一个，"一菜一格，百菜百味"，这是饮食的艺术，而饮食则是过日子的艺术。所以，这一日三餐的食物中，也有值得我们发现的生活美学。

中国很早以前就已认识并食用竹荪了。最早记载竹荪的是唐初孟诜的《食疗本草》，其记载说："慈竹林夏月逢雨，滴汁著地，生蕈似鹿角，白色，可食。"唐段成式的笔记小说集《酉阳杂俎》中称为"芝"。南宋陈仁玉《菌谱》称："竹菌，生竹根，味极甘。"王安石有"湿湿岭云生竹箘"的诗句。《群芳谱》载："节疏者为笛，带须者为仗。"此外，在《荆溪疏》中叫"竹菇"，《宋史·五行志》中曰"芝草"，《本草纲目》中谓"竹荪"。明确称竹荪的，见于清末薛宝辰的《素食说略》："或作竹荪，出四川。滚水淬过，酌加盐、料酒，以高汤煨之。清脆腴美，得未曾有。"清代时，竹荪已列为贡品，用作宫廷御膳。

宋代有名的文艺青年林洪的《山家清供》里有一道"山家三脆"的制作方法里就曾有竹荪的记载："嫩笋、小蕈、枸杞头，入盐汤焯熟，同香熟油、胡椒、盐各少许，酱油、滴醋拌食。赵竹溪密夫酷嗜此，或作汤饼以奉亲，名'三脆面'。"且还随菜谱配了一首与之相关的诗："笋蕈初萌杞采纤，燃松自煮供亲严。人间肉食何曾鄙，自是山林滋味甜。"

在我看来，《山家清供》这种记录美食的菜谱出现在宋朝，并非没有原因。宋朝民间富庶，平民中也开始流行三餐制。另外，在日本人眼里，长裙竹荪因外形像一身朴素、头戴天盖的虚无脚行僧，所以又被叫作僧笠蕈、虚无僧蕈。竹荪入馔，在日本也是有名的斋菜。

蔬菜以素菜的名目独立，也是始于宋朝。在唐朝及以前，蔬菜只是肉食的佐料配菜。清代文学家李渔对饮食的品鉴也颇有心得，在《闲情偶寄》中专设"饮馔部"，论述自己对饮食的养生原则和审美追求。"饮馔部"开篇便说："声音之道，丝不如竹，竹不如肉，为其渐近自然。吾谓饮食之道，脍不如肉，肉不如蔬，亦以其渐近自然也……"最后他还说："蔬食之最净者，曰笋，曰蕈，曰豆芽。"一语点明了他对素食的推崇，以及竹荪在素食中的地位。

而中国古代文人大多浸淫于儒、释、道多元文化之中，儒家的仁爱、孝道与清廉，佛家的戒杀护生与慈悲之心，道家的清心寡欲与淡泊自然，三者在倡导清淡饮食的问题上殊途同归，使得文人对素食有一种天然的亲近感。而文人的素食相比市井、寺院的素食，又多了几分清雅之味，值得细品。

早在北宋的汴京和南宋的临安，便已有专营素菜的素食店。始建于1922年的上海功德林蔬食处是中国有名的佛事素菜馆，曾多次接待中外元首。到了现在，食素菜几乎是一种潮流，被时人视为一种人生志趣的表现，因为在他们看来素菜更能体现食物本来的味道，而"竹荪素烩"一素到底正好与其理念契合。

坛子肉——川菜中的佛跳墙

说它神秘，是因为"川菜百科全书"胡廉泉先生说他这辈子也只吃过一次真正的坛子肉，却从来没有看到过它那无与伦比的美妙滋味是怎么做出来的；说它神秘，是因为曾在《四川烹饪》杂志工作了近四十年的王旭东老师年轻时曾多次去采访老一辈川菜厨师，他们也仅仅知道坛子肉的配方和做法，却并不曾亲手做过或做成功过；说它神秘，是因为我七十七岁高龄的师父王开发先生，司厨一生仍不放弃对此菜的研究和追索，近年终于与元富师兄一起复原了几近失传的古法坛子肉……这让我有了莫大的兴趣想要将此菜弄清楚。

何为"坛子肉"

听师父讲，在早些年只有像荣乐园、竟成园这样的包席馆才做坛子肉。由于这道菜不仅用料十分讲究又费工费时，而且适宜规模较大的筵席，所以即便在高档包席馆也不是经常做，很多厨师终其一生都没有机会接触到这样的大菜。而我的师父却非常幸运，师爷张松云先生的拿手菜之一恰是坛子肉，作为师爷的得意门生，师父在二十多岁的年龄便得到了师爷的口传亲授。

何为坛子肉呢？师父告诉我："川菜里面有个罐煨肉，坛子肉实际上是在罐煨肉基础上的一个提升。不管是用罐罐还是用坛子，它的烹制方法都是'煨'，实际上基本是一回事。不同的是罐煨肉用五花肉，坛子肉用猪肘子。"

制作传统的坛子肉必须具备两个基本条件：第一，要用一个四五十斤容量的绍酒坛子作为炊具。第二，必须要用锯木面和枫炭作为燃料。"需事先备好一个离地五六寸高的不锈钢或者铁架子，将坛子置于其上，枫炭拿

来引火，将锯木面引燃，不能用明火，而用暗火慢慢煨，煨一整天。"听师父讲，坛子肉这道菜的用料相当丰富且量大，"一个猪肘约五斤；鸡鸭各一只，每只约四斤重，还有海参、鱼翅各半斤，干贝、金钩各二两（泡发了还不止），再加上火腿、排骨、冬笋、菌子等山珍海味，有的还加鲍鱼、鱼肚、虎皮蛋（鸡蛋煮熟之后裹豆粉炸成虎皮色），有的还要加两块狮子头下去，光食材就几十斤，料酒都要用到四斤。"

具体做法：猪肘烧过刮去黑皮，去毛洗净砍成四块，鸡鸭去头去颈宰成八大块，将排骨放入坛子底部，再将砍好的猪肘和鸡鸭放入坛中，然后将发制好的山珍海味通通放入坛中，加开水进去没过食材，再加白胡椒、姜、葱、料酒、盐、糖色（或酱油）、冰糖，然后拿润湿的草纸将坛口密封，用锯木火慢煨六到八小时至完全耙糯。

那么一大坛东西怎么上桌呢？

师父说，做好了的坛子肉不是整坛端上席桌的，而是要盛入小的器皿里

分而食之。并且，切记，鸡脚鸭脚是不能端上席桌的。

《川菜烹饪事典》所描述的坛子肉做法与师父讲的大同小异：选猪肘一个洗净。先将猪骨垫于陶制坛底，再将开水、料酒、姜、葱、盐、酱油、火腿（切块）、猪肘（切四大块）、鸡肉（切四大块）、鸭肉（切四大块）、冬笋（切片）、口蘑、干贝、冰糖汁等一次放入坛中，以草纸（先润湿）封严坛口，在锯木末火中煨五到六小时。然后撕去草纸，将发好的鱼翅、海参、炸好的鸡蛋放入坛中，再煨半小时即成。操作要领：肉、海味各料入坛前均要出水，并加工为半成品，需微火慢慢煨。第二种方法所制的坛子肉，既可将各种肉分别装盘吃，也可将各种肉分小，镶盘合吃。

胡廉泉先生就曾吃过荣乐园的坛子肉："我吃了的，那时候王大爷（我的师父王开发）到美国去了，那个海参鱼翅都是纱布包起的，把它解开，一个大盘子一样一样地分别摆在里面，把汁倒在里面，我吃过，我有那个印象，但是他们怎么做的我就不晓得了。"

失去烟火气的改良版坛子肉

这道菜貌似并不复杂，实际上难度相当大，稍有差池就会功亏一篑。师父他老人家就曾有过失败的经历："大概是1972年，我们按原来传统的方法做，结果烧着烧着坛子裂了，汤水流了一地……估计是火力太猛，绍酒坛子承受不了那么高的温度。"

后来，师父他们再做这道菜时，就已经到了"七二一工人大学"时期了。作为教学，学员们又将这道传统老菜翻出来做，但却再也不敢直接放在绍酒坛子里上火烧（担心又被烧裂），而是先将食材上蒸笼蒸，蒸好后再装入坛子里用小火慢慢煨。

讲到这里，师父还想起了自己曾经"作假"的故事。1977年，日本一厨师团队来参观，点名要吃坛子肉，"我刚刚把蒸好了的食材放进绍酒坛里，日本人就进厨房来了，他们指着坛子问，这菜就用这个绍酒坛子做的吗？于是我就从坛子中舀出肉给他们看，他们看到很兴奋，还照了相。"师父如今说起这些都还心有余悸，那个时候物资匮乏，平时也没机会做这道大菜，他们迫切地想把四川的传统名菜介绍给国际友人。可是，毕竟有了那次坛子烧裂的经历，为了确保万无一失，才有了那一次的"作假"。

或许由于坛子的耐高温问题一直是个坎，加之用锯末这种方式费时费功，操作也麻烦，渐渐地川菜厨师们就都开始用蒸的方法来做坛子肉了。再往后，锯末也见不到了，就直接演变成将一个个小坛放入蒸笼里蒸，主料还是一块猪肉，但就不一定是肘子了，也可能是五花肉，鸡鸭也不是整鸡整鸭，很可能只是一个鸡腿鸭腿，或者一块鸡肉鸭肉，再加一个虎皮鸡蛋、一个肉丸子。最后再挂点面子，可能是海参，也可能是鱿鱼，完全成了改良版。

说到坛子肉，王旭东老师说："其实很多人吃都没有吃过，看也没有看到过。但是因为流传下来的文献里面有记载，如此多的珍贵食材聚到一起，取其精华，最终做出来坛子肉，人们对它充满了美好的想象和无限的期待。"王老师还说："我们刚刚听到坛子肉也是很好奇的，只知道是山珍海味，具体有哪些又不太清楚。我们去采访那些老师傅时，他们要不就干脆不说，要不就只说个大概，问多了还会责怪你问那么多干什么！让我们觉得这个坛子肉无比神秘，以至于直到现在我们都没有完整配方。后来合编名菜谱的时候，听说重庆蓉村饭店有坛子肉，我们就去吃。结果还是改良版的蒸坛子肉。尽管味道也还可以，但毕竟不是期待中的那种原始方法煨出来的，有些失望。"

由此我在想，尽管改良后的方法一样可以将坛子肉制做得十分肥美烂糯，但少了锯木面长时间的微火煨制，以及绍酒坛里肘子、鸡、鸭与那些山珍海味在一起耳鬓厮磨般的亲密接触，这样的坛子肉也就没有了想象中的那种烟火气和"你中有我我中有你"的大融合意境。在我看来，失去了烟火气的坛子肉又怎能称之为原汁原味的坛子肉呢？

坛子肉的缘起

胡廉泉先生认为，最早的坛子肉应该是在福建名菜佛跳墙的基础上发展而来的。据他了解，坛子肉的做法和佛跳墙基本一样。不过他说，香港的佛跳墙味道远远不及四川的坛子肉，因为香港的做法是蒸出来的而非用子母火煨出来的。

这佛跳墙原来叫"福寿全"，由于味道肥美食材丰盛，便有文人墨客作诗"坛起荤香飘四邻，佛闻弃禅跳墙来"。在福州话里"福寿全"发音与"佛跳墙"雷同，后来这道菜就干脆叫"佛跳墙"了。

同时胡廉泉先生也说到了另外一种坛子肉，这种坛子肉在四川的汉源、安岳、石棉、凉山等地是古而有之的。汉源的坛子肉是每当过年猪宰杀了以后，把猪肉、肘子，包括猪杂切成一块一块的码上味，猪油拿来熬，熬好后就用这个油来炸这些肉，炸制成金黄色以后就连油带肉装到坛子里，这种肉放一年都不会坏。它是把坛子作为一种器具来储存猪肉，当地人一般喊的"油里肉"，这个实际上是一种储存手段，坛子的作用是储存工具而非炊具。坛子里面储存的肉在要吃的时候就拿出来，跟蒜头或者酸菜焖在一起吃。胡先生说，这种坛子肉，为了使保存期更长些，坛口是密封了的，肉沉到油底下，猪油都凝固了。

关于坛子肉，胡廉泉先生还回忆起了这样一个故事，他说，我的师爷张松云曾亲口给他摆过一个龙门阵：说以前有个武状元每天都要练功，胃口特别好，一吃就是一顿盆（可能是一种盛器）。顿盆里有些什么呢？一块肘子，一只鸡，一只鸭子，还有好多馒头。这些东西他一顿就要吃完。武状元有个亲戚看他胃口那么好，很是羡慕，武状元说你不要羡慕我，你看我每天怎么练功，要消耗多少精力，你跟着我练你也可以吃这么多，就看你练得下来不。胡廉泉先生认为，我师爷的故事里所描述的"顿盆"里的内容，正好就是坛子肉的食材。

为"坛子肉"专门建一个工坊

那么，老一辈厨师们津津乐道的传统坛子肉还能重见天日吗？

对此，我的师兄张元富肯定地说："从目前我们松云泽的实验结果看，传统的坛子肉是可以再现的，因为现在我们用的是江西出产的绍酒坛，它经得起七八个小时的高温烧煮，用原来的方法制作一点问题都没有。"

"这么费工费时费料又高难的一个菜，为什么要来恢复它？是怎么样一个初衷呢？"我问元富师兄。"既然这道菜有资料留下来，而且业界都知道咱们的师爷又很擅长坛子肉，再加上师父他老人家一直没有停止过对这道菜的追索，所以我觉得必须去研究并恢复它。

"经过无数次的失败，现在总算试验成功了。我们是做的火塘子，在温江。完全恢复了以前传统的做法，青枫炭，锯木面，江西产的耐高温坛子。但在份量上我们做了改变，不再是几十斤那么大一坛，而是改用小坛。我们觉得这个事情本身就应该变，作为传统的方法应该留下来，而面对当今市场和食客的需求，大家都讲究营养、讲究健康的时候，就要考虑它的合理性。"

据元富师兄介绍，目前研制出来的坛子肉是一坛两份，先将肘子、鸡鸭、排骨等主料进行至少五个小时的前期煨制，使坛子里的原料融合变化，最后再加海参、鱼翅、金钩、干贝、火腿、冬笋等辅料煨，继续煨三个小时。他认为这道菜本身就是一道讲究火功的菜。"我们现在呈现出来的坛子肉，经八个小时煨出来自然收汁，佛跳墙都绝对达不到我们这种效果。"

在我眼里，无论是年事已高的师父还是花甲之年的元富师兄，将那些老菜谱上讲过的传统菜经由他们之手复原，把以前的老师傅口传心授却模糊不清的技艺搞明白，甚至于在某道菜有所超越……我想，这才是真正的工匠精神。

师父教我吃川菜

HOW TO TASTE SICHUAN CUISINE:
LEARNING FROM MASTER

怪味棒棒鸡——从走街串巷到登堂入室

提起棒棒鸡，对于老成都人来说一点也不陌生。随便闲逛一处菜市场，均可见到挂有"棒棒鸡"招牌的实体店铺。棒棒鸡这道菜，现已是家喻户晓，都能在实体店买到。而真正懂得这道菜做法的食客却是甚少，能追其根溯其源者，则是更少。

色、香、味里的小世界大讲究

这日，我一如既往跟着师父学吃菜，眼前这道刚刚做好的怪味棒棒鸡，色泽清爽，香味浓郁，勾起无限食欲。

师父说，作为一名名副其实的美食品鉴者，在初识一道菜品时，首先是从"色香"来构成第一印象的。说起棒棒鸡，印象中最深的莫过于"怪味"这一味型，复杂独特，色香味俱全。而一道美食是否能够勾起人们的食欲，"香"则是第一步。就像人们常常遇到的，随风飘来的食物之香。怪味棒棒鸡中的芝麻香，便是其中一种。

芝麻酱是棒棒鸡里必不可少的一种调味品。若想要芝麻的香气更浓，则需用心备火，手工将芝麻炒熟，然后倒入碓窝舂成面子，取出加香油进行调和。这种工艺出来的芝麻香没有大量挥发，因此要比用市面上卖的成品芝麻酱的香气要纯粹许多。现今，在正常的香油提取中，商家往往既要取油，又要留酱，所以芝麻的原料就炒得比较嫩，出现香油不够香、酱味不够味的现象。为此，师父还专门给我分享了一个故事："早在工业机械化还未大势发展前，人们都是手工推芝麻，而推石磨的工人以盲人为主，他们日复一日地工作，虽然看不到，但只要能闻到香味就知道可以了！"

这样的场景，虽说早已不复存在，但却让我们知晓了更多美食之路的细节。然而，仅仅靠香并不能百分之百吸引食客的食欲，"色"也是勾起人们食欲的一个重要点。芝麻面或芝麻酱搁多了，会看起来不够清爽，所以加入芝麻油的适量度很关键。其次，在调棒棒鸡的佐料过程中，用油也比较重要。凉菜需要看起来十分清爽，所以拌菜时都要选择用菜籽油或者其他植物油，若将动物油用在棒棒鸡上，会直接影响口感和视觉效果。所以在凉菜中，基本上也不太使用动物油。说到用油，早在20世纪50年代，温室效应并没有现在这般严重，成都的冬天不仅会下雪，而且比现在要冷上许多，菜籽油装在瓶子里有时候也会冻结，而今这种现象早已没有，菜籽油因此也在凉菜中得到了更好的利用。

走街串巷的民间怪味

对这些味道的偏好，最早都出自于民间。

"豆花凉粉妙调和，日日提担市上过。生小女儿偏嗜辣，红油满碗不嫌多。"民国时期的成都文人邢锦生曾经写下这样一首竹枝词，一开始就讲到了豆花和凉粉的妙趣之处在于其调和的味道，其实这种相似的味道和提担从街市经过的场景，现在也依然可以尝到见到。细心的人会注意到，无论是在公园闲逛还是坐在树荫下喝坝坝茶，都会时不时见到一些挑着担子卖凉面、凉粉、豆腐脑的小商贩。他们，正是邢锦生笔下"日日提担市上过"的商贩。

胡廉泉先生对这些商贩的最初记忆可以追溯到20世纪50年代。那些商贩将煮好的鸡肉宰成一块一块的放在一个盆子里，然后将调好的怪味佐料单独装另一盆子，提着箪箕或挑着担子，沿街叫卖。那时的东西价廉物美，购买者很多，想必除了鸡块，很多食客也是冲着味道去的。在一个街沿边蹲下，拿起筷子在装有鸡块的盆里挑来挑去，最后夹上一块，在调料盆里裹上相料，再直接送入口中。如此一块、两块、三块……如果食客不是一位，客人吃一块肉，卖家就会对着那个人放一个小钱，最后按小钱的数量来收钱。也有在附近住家的人想买回家吃，就自己拿一个碗，选一些鸡块在碗里，另

外再舀点佐料。面对这种情况，卖家都会拒绝。还是要你一块一块在佐料盆里蘸上佐料后，放入碗内。

那个时候的怪味鸡叫作爨味鸡，后来人们觉得这个"爨"字太过复杂，就写成了同音的"串"字，即串味鸡，亦指味道相互叠加在一起，风味奇妙无穷。

随着这一味型被广大食客接受与喜爱，越来越多的人开始对"怪味"引起重视并加以研究。其实怪味并不只是用在拌鸡上，人们根据自己的口味和喜好，还做出了怪味兔丁、怪味胡豆、怪味花仁、怪味腰果等。

说起怪味胡豆，最早是由重庆的一家糖果厂制作出来的。我的师爷张松云先生曾经最喜欢做糖沾类的食物，并从怪味胡豆上受到启发，糖沾时以甜为主，加上咸味，再加入少许的醋，将麻辣咸甜固定下来，做成非常可口的怪味花仁。后来，也有人做出了怪味腰果等，这种做法被应用得十分广泛。除此之外，人们也做花仁萝卜干，就是在萝卜干中加入花生米等，加点金钩，拌成怪味，这个菜在很早以前就可以作为凉菜碟子端上席桌了，深受食客喜爱。而今，市面上还衍生出了怪味面、怪味抄手等，各种怪味层出不穷。

师父与怪味棒棒鸡的渊源

胡廉泉先生说："20世纪80年代，乐山有个卖棒棒鸡的，叫周鸡肉。专门写了一封信给我们科里的杨镜吾老师。在那封信里，周氏详细描述了自己几十年来做鸡肉的一些心得。"曾经乐山的汉阳坝（今青神县汉阳古镇），地处岷江之滨，拥有肥沃的土地和独特的地理优势，这里盛产花生，鸡就花生而食，因此长得特别肥嫩，是制作怪味棒棒鸡的优选食材。而周氏选鸡，就喜欢挑这种肥嫩的。挑选好鸡后，将其宰杀、褪毛、去内脏，清洗干净，然后用一根长长的麻绳将鸡捆上几圈，放入冷水锅里开大火烧煮，待水烧开后，将血泡清理干净，再用小火焖煮至熟。熟透后，将鸡捞起，凉冷，再将麻绳解开，把整鸡对半分成两块，用一种专制的木棒敲打鸡肉，把肉敲松，用手将鸡肉撕成一根根的丝。

这就是最早的"棒棒鸡"制作工艺。而今，许多商家为了吸引顾客，常在宰鸡时，一个人宰鸡，另一个人拿一根木棒对着宰鸡的刀背，"嘭"的一声敲打下去，如此反复操作。这种方式更多是表演。而"棒棒鸡"的正解，或许更重要的是将鸡肉敲松散，从而更好地入味。

经过不断实践与操作，师父逐渐发现，其实煮鸡肉时也不一定要用麻绳捆住。在煮的过程中，一定要加生姜和大葱去腥。鸡肉煮熟开切时，除了正常的操作流程，师父还总结出了一个能够让拌肉更鲜的小窍门。鸡完整下锅后，其两腿之间的胯子内部基本不与外界的水相融，鸡肉内部的水分就不易蒸发，因此形成了天然的内部小水库，具有蓄水功能。这部分水，属于最纯正的鸡汁，很少被人注意，只有专业的厨师知道，但却极少利用之。师父在做棒棒鸡时，会小心翼翼将这部分水收集起来加以利用，这样拌出来的鸡肉鲜味，是锅里舀出来的鸡汤远远达不到的。

鸡肉的挑选和煮熟只是最基本的步骤，重头戏是在拌味。

调怪味，首先是用好醋和糖。醋来改糖，就有了酸甜味。只是有了酸甜味而没有咸味，整个怪味也就提不上来，最终还是需要酱油来进行定味。在此基础上调好之后，再加入麻、辣等味，构成五味。我的师父比较喜欢吃甜

的，所以在按照这个步骤来制作时，就基本上属酸甜型的怪味儿了。有些厨师会加姜汁、蒜泥等，均属于辛辣味，基本上不会影响整体口感。

在正常的拌菜中，师父总结了三种操作方式：一种是拌味，即将调好的佐料直接与食材拌合均匀；一种是淋味，就是把佐料调好后，要走菜时直接淋在食材上；还有一种则是蘸味，就是将佐料调好后放入碟子，食客蘸着来吃。这三种方式主要根据食材的刀工不同来进行选择，如果食材被切成块状，则需要拌着吃，食材体积大，能让食材更好地入味；如果被切成丝状，就要淋着吃，入味快，时间上也刚刚好；如果被切成片状，则需要蘸着吃，片状面积相对较大，蘸着吃可让正面和背面都能受味。

现在，成都许多高档一点的馆子，蘸碟都是配在一边，临吃的时候才淋上去。"如果先淋上去了，那就是眉毛胡子一把抓，不成形了。以前都是要造型的，有'一封书''风车车儿''三叠水''城墙垛子''和尚头'等各种形状。"师父说，菜品的刀工和颜色不一样，那么出来的形状也就不一样了。不过，师父说现在的厨师都是摆"一封书"的形状多些。为什么呢？可能跟手艺不到家有关，也可能跟快节奏的当下，人们对"快"的追求有关。

怪味是川菜味型的升华

俗话说"十里不同风，百里不同味"，这怪味棒棒鸡在不同地方所呈现出的味道也各有差异。比如崇庆天主堂的鸡片，其主要味道就是咸和甜；乐山地区的人喜欢吃甜，在味道上就比较偏甜等。师父强调："无论是以'咸甜'为主打的崇庆棒棒鸡，还是以'微辣回甜'为主打的乐山棒棒鸡，要想达到'怪味'都离不开'咸、甜、麻、辣、酸、鲜、香'这七味。这七味是怪味的基础味，而在这七味的基础上厨师则可以自由发挥，但你不能因为某一个味就把主味给盖掉了。"所以，这怪味棒棒鸡看似一道简单的"凉拌鸡"，但要想做到七味巧妙搭配，又互不压味，就犹如一场交响乐一样，乐器种类再多也能演奏出和谐的音律。

在实际操作中，不管怎么样加调料，都不要影响菜品的整体口感。师父说："怪味本身就是一个比较复杂的口味，宁愿增一味也不减一味。在调味的过程中，每种味的佐料用量必须精准，不是经验丰富的厨师很难驾驭。"所以，过去常说"十个厨师能做出十种怪味"。

师父的这些话，听起来并不复杂，而要真正领会其中之妙义，则需要经过无数次的实践与品尝。

如果说"家常味"是川菜味型的基石，那"怪味"就是川菜味型的升华。怪味制法是川菜所有复合类味型中难度最高的一种，更是检验厨师水平高低的一大标准。为此，2006年四川科技出版社还专门出版了一本《四川怪味菜》，书中详细介绍了两百余道怪味菜的烹饪之法。

从明末清初的"湖广填四川"到各个地方食物的引进以及不同饮食文化的相互碰撞与交融，现代川菜在时间的长河中包容并蓄并最终形成。这与四川独特的物产、人口的迁徙及各个时期为川菜的研究与发展做出贡献的厨师们不无相关。怪味棒棒鸡植根于民间，发展于大众，成就于席桌……这当中的逐渐发展和变化的历程，不仅体现在这道菜中，更体现在川菜怪味这一味型之中。

蒜泥白肉——蒜泥味型的开创者

蒜泥味作为川菜二十几种味型之一，虽不多见，但也常见。其中，蒜泥白肉作为最典型的菜品，不仅拥有悠久的历史，也深受食客喜爱。

说到此菜，师父情不自禁扯起嗓子喊了起来："蒜泥白肉二分！二分白肉，刀半儿！"

这突如其来的感动，让人脑海里浮现出20世纪50年代的情景……盐市口的竹林小餐门口，堂倌肩膀上搭着一条白色的毛巾，拉着嗓子向后厨喊着。两位食客就一张桌子坐下，点了一份蒜泥白肉，再上两碗干饭……

"四六分"是种讲究

白肉的历史在四川较为悠久，清朝《成都通览》上就已经有记载。这道菜常常出现在一种叫作"四六分"的中型饭馆里。关于"四六分"，胡廉泉先生告诉我，在以前"分"属于计价单位，一分就是八文钱，属于小钱中的一种。成都以前有个说法，荤菜四分起价，也就是三十二文钱。而白肉二分即可。白肉也是荤菜，但花十六文钱就可以吃到，这是白肉能够得到大众食客青睐的原因之一。而四分，是一个单份菜的价格，六分就是一份半的分量，就是我们现在所说的"小份和中份"的关系。

早期的成都餐馆并没有这种分类，使客人感到诸多不便。譬如客人点了一份鱼，那一份一定是一条完整的鱼，若就餐的人少就比较尴尬，不仅吃不完，还不能同时点其他的菜来吃。为避免这样的尴尬和满足不同食客的需求，后来餐馆的经营者就逐渐在分量上进行一些调整，即大、中、小份相互结合，分别对应不同的价格和分量。一两人来就餐时，可以点小份菜；两三

人来时，可点中份；再多些人，就可点大份了。正是有了这种举措，才出现了鱼块、鱼花、鱼条及瓦块鱼这种整料改小的菜式。当然，这仅是举一个例子。大、中、小结合的经营方式，给客人提供了方便，让客人用同样的钱品尝到更多的菜肴。

师父参加工作后，有时也会带客人到竹林小餐吃饭，堂倌儿就像师父那样扯着嗓子喊着："白肉二分！""二分白肉刀半儿……"这样动情的喊声，着实让人回味无穷。以前，成都人有个说法："竹林的白肉，一个人不够吃，两个人吃不完。"这是因为一份白肉只有七片，凡遇有二人用餐时，招待师傅就会让厨房"刀半"，刀半就是一分为二的意思。

热片、热拌、热吃才是王道

蒜泥白肉，作为拌菜中的一种，属于热拌系列。现在的川菜拌菜中，已经有了凉拌和热拌之分，但很多厨师已经不清楚这种分法。师父说，一道正宗的蒜泥白肉，一定是要热片、热拌、热吃的。作为一名食客，判断这道菜是否正宗，可以从猪肉的选择、刀工、调料等方面进行观察。

蒜泥白肉中的肉，一定是要选猪身上的二刀肉。

将选好的肉放置清水里面煮六到七分钟，同时加入生姜和大葱去腥味。待到肉有三四分熟的时候，将肉捞起放在案板上用刀切成约一寸厚的小块，然后放入锅里小火煮。

我常常见到师父将肉煮熟以后，捞起、切断，然后再放入煮过肉的汤汁里，待要片肉时，才将肉块捞起。此时的肉还是滚烫的，片肉时，还要不停地吹气，将肉表面的温度散开，一边吹，一边在手上左右翻滚，由于太烫，嘴里还会发出"嘶嘶"的声音，画面特别生动。

师父说，这片肉的刀很关键，一定是要用专用的片刀，而不能用又短又厚的切刀，片肉是一门技术活，要想把肉片好、片薄，刀工最为重要。将肉平铺在菜板上，从熟肉的皮子处开始斜着进刀。此处为什么要从皮处开始进刀呢？因为皮是最不容易片的地方，把最难的部分片好了，后面的肥肉就容易操作了。

　　在片肉的同时，还要注意以下几点：首先是不要把皮子片掉了，这是考验刀工的第一步；其次是不要将肉片花了，即肉片的中间不要有个洞；第三是不要有梯子坎，这样会一边宽，一边窄，不均匀。而标准的肉片，一定是薄而透的感觉。它究竟是要有多薄呢？师父打了个比方，就像老木匠用刨子刨下来的刨花儿一样薄。

　　现如今有很多餐饮使用机器来片肉，但手工与机器呈现出来的成品会有所差别：手工片的皮子会波浪起伏，而机器片的皮子就平平整整。虽说机器片肉方便快捷，但其肌理却不如手工的好看和好嚼。手工切肉时，横着下刀，可恰到好处地将肉的经络横着切断，这样出来的肉片，会更软更化渣，吃的口感更好。

　　除了煮肉和片肉，准备调料也很重要，包括复制酱油、蒜泥等。复制酱油，即按照比例在酱油中加入红糖、香料，然后放入锅里面慢慢熬制出来的酱油，包含了香、咸、甜三个味道。而蒜泥呢，是将剥好的大蒜放入碓窝里舂，然后按照比例兑水调稀调匀。

　　热白肉片好后，装入盘中，就开始浇料。先放复制酱油，再放红油、蒜泥。如此，一道热拌的蒜泥白肉就可以新鲜出炉了。

那么热吃是什么意思呢？

"热吃"即趁热吃，只有趁热吃味道才佳。蒜泥白肉是道下饭菜，随着饭一起上桌，肉片切好、调料准备好后，一定是要在准备开吃时才浇佐料，然后马上端上桌供食客们享用。白肉富含脂肪，这种脂肪一旦冷却就会凝固，凝固了就沾不上味。那如果是热拌，就更容易进味，而其口感也好。所以，浇汁时间也要有所讲究，若浇得太早，不仅容易使肉的温度提前降低，也会使颜色更深，味道更浓，影响色泽和口感。所以人们常说："一道正宗的蒜泥白肉，只要被人端着从你面前一过，你就能闻得到香味，特别是那股蒜香，异常浓厚。"

"但如果没有热度，就没有这个香味。因为肉片下面的热度一传上来，蒜泥的味道就出来了。"师父补充说，蒜泥白肉一定是要淋着来吃才最够味。

不断变化中的蒜泥白肉

师父说，成都最早的蒜泥味是以咸鲜为主，突出蒜泥的辛辣味。而自从竹林小餐的蒜泥白肉出现以后，人们便厚此薄彼了。以前的蒜泥味不加红油，就是酱油、盐、芝麻油、蒜泥，拌起来就成菜。而竹林小餐的蒜泥白肉要加辣椒油和复制酱油，其味道就很有特点，以至于后来的蒜泥味型，基本都是按竹林小餐的风味在延续。

蒜泥味型其实使用范围并不很广，主要用以拌菜，蒜泥白肉因为被大家认可，所以就逐渐成为了蒜泥味型的代表菜。这一味型的菜，有着自身的优势，不像姜汁味型，若是加了红油，就会把姜汁味压住。因此，蒜泥白肉加入红油后，就更能够满足四川人的口味。

除了热拌，蒜泥味型还有许多代表菜，比如蒜泥蚕豆、蒜泥黄瓜、蒜泥凤尾等。在传统制作中，蒜泥凤尾属于生拌系列，要先将凤尾在开水里面汩熟，然后再加佐料来拌。

在其他地方，蒜泥白肉也是有比较有影响的一道川菜。

1979年4月，四川省烹饪小组一行应香港美心集团之邀，赴港表演川菜烹饪技艺，受到了香港各界的欢迎和赞誉。表演十天，天天满座。据赴港的厨师回来讲，川菜在香港也是非常受欢迎的。特别是樟茶鸭子、蒜泥白肉不仅在实体店的横标上看得到，在《饮食天地》的广告中也能看到。不久，美心集团的伍淑清小姐到成都来，还专门送给成都市饮食公司一台意大利产的片肉机。公司又将这台片肉机放在了以蒜泥白肉闻名的竹林小餐。

"纵使参加过许多活动或者展会，蒜泥白肉的摆盘并不复杂。"师父分享说，最早的蒜泥白肉，摆盘简单，主要根据分量和食客多少进行装盘。肉片好以后放入盘中，淋好汁端上桌即可。

而今，这道菜已经在形式上发生了许多的变化。有些卷成数卷，有些则一大片铺在盘上。为了迎合健康饮食理念及更多人的口味需求，一些厨师也在肉片里面卷上一点黄瓜丝，这样可以满足荤素配搭的需求。也有一些厨师，喜欢用竹签子做成晾杆白肉，师父对此并不太赞成："说实话，不见得多美观，这道菜本身就是要热吃，经过这样的折腾，猪肉里面的脂肪就已经凝固不散，直接影响口感和食欲。这个创新的思路本身还是不错的，但就没有从根本上理解到这菜的真谛，有了背道而驰的感觉。"

因此，这道菜最关键的就是要热片、热拌、热吃。

干烧岩鲤——复合味型的极致

　　烹制岩鲤最早是从重庆开始的。因为重庆在江边，可以就地取材，而当时地处平原的成都难得见到岩鲤、鲟鱼、白鳝之类的食材。车辐先生曾在《川菜杂谈》中谈及重庆菜的魅力时指出："弄鱼重庆厨师们的办法多，干烧岩鲤，便是其中一道。"

　　"成都的干烧与重庆的干烧是不一样的。一个显著的区别在于，重庆的干烧加豆瓣，成都的干烧加芽菜。因为在干烧岩鲤这道菜出现之前，成都就已经有了干烧臊子鱼，用的是鲫鱼。后来发现成都也有了岩鲤，才做了干烧岩鲤。"师父一语道出成都和重庆的干烧区别。

后来，我在查阅资料时，发现一篇《近百年来巴蜀地区鱼肴变化史研究》论文里这样提到："民国时期成都著名餐馆枕江楼，最初只是一家普通饭店，但烹制鱼虾颇有独到之处（当时桥下贩卖鱼虾者甚多，人们买后爱交枕江楼加工成菜），故吸引不少食客。该店所售河鲜颇具特色，以干烧臊子鱼最为著称。此菜以臊子酥香，鱼肉鲜嫩，味悠长而咸淡相宜为特色，以热绍酒下菜更是相得益彰。"（此资料在四川科技出版社2004年出版的《老成都食俗画》一书里也有佐证）事实证明，干烧的技法和味型成都早已有之。1949年，川菜大师罗国荣的"颐之时"迁往重庆之后，这才有了他老人家吸收重庆之味后改良版的"干烧岩鲤"，并成为当时重庆知名菜馆的招牌河鲜菜。

如何做到完美收汁

"干烧岩鲤，为川菜宴席菜中的珍品。岩鲤学名岩原鲤，又称黑鲤，分布于长江上游及嘉陵江、金沙江水系，生活在底质多岩石的深水层中，常出没于岩石之间，体厚丰腴，肉紧密而细嫩。最早受交通所限，岩鲤一般是重庆在做。现在'不存在'了，成都的交通早已四通八达，想要什么样的食材都有。"胡廉泉先生向我们介绍了岩鲤这一食材。

川谚说"一鳊二岩三青鲅"。其中鳊鱼清蒸极鲜，青鲅适合炖煮，岩鲤则最适合干烧。岩鲤是鱼中极品，而干烧又是川菜独门绝技，接下来，我们便听师父来讲讲此菜的烹制技法。

选用成年岩鲤一尾，去鳞剖腹取内脏，洗净，打花刀，用料酒、胡椒、盐腌制二十分钟左右。再下油锅中火炸至鱼肉收紧，这样做是为了在后面的烹制过程中，鱼肉不易烂。炸好后捞出，开始准备"俏头"（指调料和配菜）：泡辣椒去籽切成节，大葱葱白切成约六七厘米长的段，姜、蒜、芽菜切成末，肥瘦肉切成如豌豆大小的颗粒。

锅换冷油，逐渐加温之后，先煵炒肉丁至微酥，然后放入泡辣椒节、芽菜、姜蒜，煵出香味后掺鲜汤，烧至味香。"要注意，拿勺子来回推动，火不能大，控制油温。"师父做菜时习惯了用明火，在他看来用明火加上颠锅

的技法，做出来的菜肉才会活，不死板。紧接着，加鱼、葱、酱油、盐、醪糟汁、白糖入锅同烧。"不可用大火急烧，要用小火慢烧，并使其自然收汁。否则原料不易入味且极易焦煳。"师父提醒道。

而"颠锅"这一动作，师父一直深以为美，是一种厨艺的艺术。现在的厨师往往掌握不好明火与菜肴的关系。掌握不好，菜不是炒老，就是炒不熟。为什么呢？"因为，在他们秀技的时候，时间都耽搁在空中飞了。"师父对于现在电视台喜欢播放厨师表演燃火这一场面，也不以为然："这种燃火之后炒出来的菜是有一股烟臭味的。电视台为了追求画面感，而忽略了菜肴本身的烹制要求。这些外行人看在眼里觉得稀奇、有本事的事情，在我们内行人看来就是乱来。"

接下来就是加汤，加汤时不能没过鱼，到一半的位置即可。汤去一半时，把鱼翻个面，这时可以摇摇锅，以免鱼粘锅。当汤越来越少，慢慢收汁时，胶原汁就出来了。"我在操作的时候，一般会等锅里的汤汁收干之后，把火关一下，让鱼'休息'一下。这时你会发现锅里的鱼会有水分出来，然后再开火，进行最后的收汁。"师父说这样的收汁才是完美的，不会出现菜端上桌之后还会溢出汤汁的现象。

"有些厨师最后会搭点红油，但我认为没有必要，这道菜就是吃的咸鲜味。"王旭东先生说道。他说的咸鲜味的就是干烧岩鲤独特的复合味。

"这里比较突出的还有葱的香味，葱这个'和事草'是很重要的调味品，在很多菜肴中，它都扮演了一定的角色。而这道菜，葱之所以切成段，就是为了方便那些喜欢吃葱的食客。我以前就曾吃过干烧岩鲤中的葱段，那滋味简直好得'不摆了'。"胡廉泉先生专门提到了菜里的葱。

汤汁完美收干之后，先将鱼铲出入盘，然后再把葱段、泡海椒节、芽菜末、肉丁盖在鱼面上。成菜之后，鱼色泽金黄，鱼肉紧密细嫩，味道鲜香。

重庆的干烧岩鲤做法基本相同，唯一不同的是加入了切细的豆瓣。这样一来，其味型更接近于家常味了，这也是川菜在各地都有自身地区特色和爱好者的原因之一。

"因为有了岩鲤这个食材，才有了干烧岩鲤这种风味。食材是食材，方法是方法。不管是重庆的干烧岩鲤还是成都的干烧岩鲤，我觉得就只是名字一样都叫'干烧岩鲤'，做法不同。"在师父他老人家看来，"干烧岩鲤"到底是重庆的还是成都的，这个问题是不必去争论的。

独特的干烧复合味型

现在，我们来说说川菜中很特殊的一种烹制方法，干烧。

"干烧"只是烧法中的一种。一般来讲，烧都是要加芡的，唯独干烧是不加芡的。干烧，即指原料在烹制过程中通过小火加热，使胶质从中分解出来，达到汤汁浓稠的一种烹制方法。常见的干烧菜肴有"干烧鲫鱼""干烧牛筋""干烧鹿筋"等。

干烧在选材上，一般选择肥美多脂、柔嫩鲜美的肉质食材和淀粉含量重的蔬菜食材。如胶原蛋白含量丰富的鸡、鸭、鱼、鱼唇、鱼翅、猪肘、猪蹄、牛筋、鹿筋等。蔬菜则有土豆、芋头、茄子、菌类、笋类、豆制品等。原料多切为成形较大的块条状，鱼类可整只形态。为了使菜肴入味充分，往往须码味处理，让原料在烹制时迅速入味，并可达到除异增香之效果。为了保持成菜形态和风味需要，原料须经油炸、煸炒或喂味，使其定型、上色、增香、预熟等。

干烧菜的味型应根据食者的口味灵活掌握。干烧菜的口味有辣与不辣之分，辣者调料以豆瓣酱、泡辣椒酱、干辣椒为主，白糖、醋为辅，其成菜味型多呈咸辣中带甜；不辣者调料以酱油、精盐等为主，其成菜味型多呈咸鲜味。在收汁成菜时，若是咸鲜味，可适当加入一点香油，若为咸辣味，则可选择加入一点红油。

"师父，干烧大虾也是属于川菜中的干烧系列吗？"

还没等师父开腔，胡廉泉先生就先说了："严格来讲，干烧大虾不是我们四川厨师最先做的。据日本的川菜大师陈建明先生讲，是上海的川帮厨师做的。我在上海的时候，只有沿海才有大虾。而干烧大虾只是取了干烧菜的风味，其技法并不是干烧。虾需要吃得嫩，而干烧加热的时间较长，肉质会变老，所以不适合用来干烧。"

师父接着说："在美国荣乐园的时候，我就把名字改成了葱椒大虾，但还是保留了干烧菜的风味。既在菜式上有所改变，又保证了严谨。"师父一向主张应保持川菜的本色，说起在美国荣乐园时做的葱椒大虾，师父专门给我说："将虾上浆，在热油中滑熟后，马上捞起来，把芽菜、肉末、泡椒、姜、汤等放入锅内炒出味，再放入大虾一烹，快速起锅。"整道菜烹饪不到一分钟，既保证了虾的鲜嫩，又体现了干烧的风味。

这"干烧技法"较其他烧制方法最大的不同在于，烧制后期味汁是自然收浓于原料之中，而不是通过勾芡将浓稠味汁粘裹于原料外表的。品味之时，便有一种入味至里、充分浓缩、醇香浓厚的风味效果，这也正是干烧精髓。

为何干烧风味会如此受欢迎?

正因干烧菜肴有如此的风味效果,才能在业内广泛应用,很多传统类烧制菜肴都与干烧菜肴相近。如家常带鱼,以前烧制后要勾芡浓汁,给人一种黏糊的感官效果,会掩盖带鱼外观的鱼肉纹理,鱼刺容易被忽略。改用干烧技法之后,带鱼外观清爽,色黄味香,入口肉刺分离,食用方便;又如竹笋烧鸡,以前多带汁烧制,虽不勾芡,但汤汁偏多。改用干烧技法之后,成菜有油无汁,竹笋充分吸附肉香,味醇厚香浓,食后无余汁不浪费。

"在以前的宴席上,要显示厨师的手艺,往往需要在鱼上面做文章。而高档的宴席也会有一道干烧的菜肴作为主打。"师父说起他们过去缺少海味的年代,一般就会选择干烧鱼。河鲜里,档次较好一点的鱼类都会选到,而且都常常拿来做干烧风味。

为什么干烧风味会如此受欢迎呢?

"因为,它是自然吸收入味的,应该有的香味、鲜味都可以得到充分的释放。而收汁的过程之中，汁的味道又可以收入主料内部，一旦收汁完成之后，主料里面的味道是相当丰富的。"师父说，过去"干烧"技法都是拿来考厨师的重点。

"现在好多馆子都不卖这道菜了，一是因为技术，我们那个时候做出来的干烧鱼，连鱼划水（指鱼鳍）都是香的。二是因为时效，现在是快餐时代，花费半小时来完成一道菜，老板不同意，市场也不允许。"师父每每说起一些传统菜肴的消亡都会感叹万分。

这道菜为什么会加入肉丁呢？师父说："少许的肥瘦肉是烹调岩鲤等鱼类美食的必备之物，河鱼尤其是山涧鱼类体型偏瘦，脂肪较少，成菜易干，可用肥肉调剂补充。"原来，这里面还藏着这样的原理。

是的，很多人在听到菜名的时候，以为此菜只有鱼肉罢了，万万没想到它还需要与猪肉丁一同烧制。"以油养鱼"正是川菜特有的烹饪手段，干烧岩鲤也是这个原理。采用肥瘦相间的肉丁，可以降低菜肴油腻的程度，避免菜肴伤油。而被切成粒状的猪肉与鱼肉一同烧制，猪肉中的油脂遇热融化，猪油脂滋养了鱼肉，并保护其水分不会全部散发，这也是这道菜醇香的原因。

为什么又单单会加入芽菜这一辅料呢？"芽菜在这道菜的风味上，可以说起着决定性的增鲜作用。为使这道菜的咸鲜味得到保证。"元富师兄说得一点都不假。

有人曾说："干烧味，可以把复合味型的交响发挥到高潮，如同库斯图里卡的马戏团美学（埃米尔·库斯图里卡是南斯拉夫杰出的电影导演，他的马戏团美学背后，浸润着他对南斯拉夫民族和历史的深刻思考，同时荡漾着他深深的乡愁）一般。"这样的形容一点也不夸张，干烧确实具有很强的复合口感。以至于后来沿海一带的厨师们来成都学习交流之后，回到当地都纷纷制作干烧类海鲜菜肴。

在我看来，这干烧的背后，不仅有川菜厨师对于传统川菜的思考和创新，也有他们对于四川美食的深深热爱之情。

香花鱼丝——川菜的风花雪月

一日，我应邀去朋友家聚会，三五好友谈笑风生间，时间飞快流逝。眼看到了饭点，不一会儿工夫，朋友夫人已备下四菜一汤相款待。其中，一道十分家常味的青椒肉丝，端上桌的途中，朋友夫人顺便从餐柜上的一个盘子里，取出几朵早上才采摘洗净的茉莉花，撒了上去。瞬间，这道青椒肉丝便飘过来几许茉莉花的清香味……这是多年前的一个画面，这道加了茉莉花的青椒肉丝，深深地刻在了我的味蕾和脑海里，让我至今仍对这顿饭记忆犹新。所以，跟师父无意间聊起"香花鱼丝"这道菜的时候，我的脑子里一下子便闪过了"茉莉花青椒肉丝"。

餐芳，还是食味？

以花入馔由来已久，古人谓之"餐芳"。

最早的"餐芳"记录，当属屈原《离骚》里的"朝饮木兰之坠露兮，夕餐秋菊之落英"一句，借物言志的文字里，仿佛可以想象一道道以花入馔的美食。南宋诗人、美食家林洪，归隐田园之后，过着十分清雅的生活，其中留给世人印象最深的莫过于他写的《山家清供》，里面记有以花做饼、做粥、做面的菜谱居然数十余道；北宋书法家郑文宝创出的云英面，在面里加百合花和莲花等花卉；北宋诗人、散文家王禹偁极爱吃甘菊冷淘面，还以此作诗一首，"采采忽盈把，洗去朝露痕。俸面新且细，溲摄如玉墩。随刀落银缕，煮投寒泉盆。杂此青青色，芳香敌兰荪"；以花入粥在宋代也很普遍，周密的《武林旧事》里就提到了菊花粥和桂花粥的做法；明代还有高濂《遵生八笺·饮馔服食笺》描述的一款暗香汤……光听到这些菜名，是不是

立刻就有了胃口？到了清代，以花入馔已极为丰富，在何国珍编著的《花卉入肴菜谱》里可以看到兰花火锅、梅花玻璃鱿鱼羹、杏花烩三鲜、玉兰花扒鱼肚、桃花鱼片蛋羹、牡丹花爆鸡条等菜名。

"云南以花入馔是比较出名的，芭蕉花可以裹了面炸着吃，金雀花可以用来摊蛋饼，菊花可以用来涮鸡汤吃，兰花可以清炒，玫瑰花可以用来做成糖渍的酱，再用来做鲜花饼……还有茉莉炒米线、芭蕉花炒腊肉、芭蕉花熘肉片、木棉花炒酱豆米、棠梨花炒蛋、仙人掌花炖鸡等。"胡廉泉先生说起喜欢以花入馔的云南，立马想起了许多菜名。

其实不止是云南，在北方也有以花入馔的传统，只是不如云南常见。生活在北方的人，对于槐花入菜大概早已不陌生。蒸槐花、槐花炒鸡蛋、槐花馅儿包饺子蒸包子，吃法有很多花样，而最著名的吃法非蒸槐花莫属。比如，在河北，春末夏初时，有道菜是用槐花、榆钱拌玉米面蒸熟，浇上麻油、酱油和在石臼里捣碎的蒜泥调成的汁，是饭菜兼具的小食，名叫"蒸苦累"。

"东南亚，以花入馔的也比较多。好多拌菜、汤菜里都有花材。"胡廉泉先生补充道。

"对了，成都人一直有吃篓篓花的习俗（篓篓花是成都当地人的叫法，学名叫黄秋葵，是一年生草本植物。如今是一种非常畅销的低脂肪、低热量的保健蔬菜）。成都人常把花用来煮面、烧汤或凉拌来吃，菜市场有时也有卖。不过，如今流行吃的不是花，而是其嫩荚，肉质鲜嫩，含有丰富的蛋白质、维生素、钙等。"师父突然想起了成都人爱吃的"篓篓花"。

在我国可以吃的花很多，常见的有：兰花、梅花、菊花、栀子花、梨花、玉兰花、茉莉花、海棠花、牡丹、玫瑰、月季、荷花、木棉花等，吃法也多种多样。但有些花卉含毒素是不能吃的，如夹竹桃花、水仙、一品红、五色梅、虞美人等。近几十年，川菜也相继推出过一些"餐芳食谱"，如菊花凤骨、酱醋迎春花、玉兰炒鱼片、茉莉汤、牡丹花汤、菊花鲈鱼、兰花鸡丝、茉莉花烩冬菇海参、菊花火锅等。

其实，当我们仔细想想，这"餐芳"应该是取其形与香，而非单纯为了吃花而吃花。因为，就我个人感受而言，这么多可食用的花材，真正能够达到较好食用口感的，少之又少。大多数花材都因其纤维构造而口感粗糙，让它只能成为餐之配角而已。所以，这些可食用的花材仅常作为餐桌的点缀。一是因其季节性，二是因其不易保鲜，再者相比较其他瓜果或者米面一类主食，花材相较能够果腹的效果更逊一筹。

在我看来，当我们在食用以花入馔的美食的时候，我们其实是在品味其中的情调与文化，是一种精神愉悦和别样出尘的雅趣。

兰花入馔，川人喜之

现在，我们来说说川菜"餐芳"之中，厨师们喜欢的一种花——兰花。

兰花入馔，是川菜花卉菜肴的突出代表。兰花清秀雅致，性平、味辛，能清除肺热、通九窍、利关节。菜肴中配兰花，色泽淡雅，味道清香鲜美，具有厚味去腻、淡味提香的效果，令人百食不厌。《四川烹饪》杂志1994年第2期"风味兰花菜"一文曾载："《餐芸谱·兰花》云：兰花可羹可肴。著名画家兼美食家张大千在作丹青之余，曾与家厨合制成'兰花鹅肝羹'，将一茎一花的春兰和一茎五六花的蕙兰合制成兰羹，起锅前加入春兰，食服者无不叫绝。"

我们今天要讲的香花鱼丝，就是一道以兰花入馔的代表菜。成菜以后，以少有的洁白清新的颜色、爽心滑嫩的口感、咸鲜可口的味道、醇香浓郁的香气，在众多的川菜佳肴之中脱颖而出，尤其是那芳香浓郁的兰花香味，更是给菜肴增添了几分神秘的色彩。

"其实，川菜以花入馔历史久远。最出名的，莫过于炸荷花、炸玉兰、兰花鱼片、兰花肚丝、兰花肉丝、香花鸡片、晚香玉、菊花火锅等。而今天这道香花鱼丝就是从兰花鱼片演变而来。"师父说起香花鱼丝，一下子想起了很多川菜中以花入馔的菜肴。

"这道香花鱼丝，用的是熘菜之法。这道菜在传统菜谱里是经常有的，但真正做的时候非常少。"师父说。

做这道菜，一般选用肉质结构紧密、鱼刺少、便于开片切丝的乌鱼。先将选好的乌鱼去皮、去骨、片成片，再切成长五厘米的丝。然后，用蛋清调好的豆粉上浆、码盐，加姜水以去腥味。用温油熘熟，待鱼肉由卷变直，立即倒入漏勺沥去余油，并快速调制芡汁，加入事先备好的兰花，迅速烹炒装盘。

"一定要快熘快出锅。在鱼丝入油锅后，动作要轻，速度要快，一旦熘至断生，迅即连油带料倒入漏勺，控净油脂，使原料尽快脱离高温环境，保证原料质地软嫩，成熟一致，清爽不腻。这里，油温的控制将直接关系到鱼丝质地细嫩与否。"师父继续补充做此菜的注意事项，"鱼丝熘后，另起一锅入油，并调制芡汁，待芡汁浓稠成熟后（有粘性），再添加辅料兰花，放入调味料，迅速翻炒均匀。这里，锅要晃动几下，使油锅光滑，以防止糊锅粘铲，破坏菜的质量。"以前，在许多人看来，厨师在那里把锅"颠来颠去"是在卖弄手艺，属花拳绣腿。对此师父早有解释："其实，很多时候厨师'颠锅'是为了使锅能够快速均匀受热并调节锅内温度，不使菜品粘锅和受热不均以至影响菜品的质量。关键是：手心合一。火候很重要，一过就会老。只有做到了这一点，才能够让这道菜既有鲜嫩爽滑的口感，又有兰花浓郁的芳香。"

"餐芳"的文化内涵

记得郭沫若有一首诗《夜来香》里，就曾这样描述过："四川的厨师们，手艺实在高超，他们把鸡肉丝和我们一道炒。又清香，又清甜，又别致，又新鲜，你吃过吗？味道有说不出的妙。"关于夜来香入馔，师父继续说道："一般都是寻常人家用来和肉片一起滚汤，是清香消暑之物，也可用来祛风散寒。"

"师父，我可不可以这样来解读。直接用炒好的肉丝加鲜花（撕成片），点到为止即可，不要去受热，鲜花在受热之后型就没有了，我总觉得视觉效果非常不好。"在我看来，好多川菜师傅对花的解读还是不够。因为，有些花的肌理不对，直接炒之，吃起来不是苦的就是嚼不动。比如，一道茉莉花鸡汤，完全可以在出锅时，现撒几朵茉莉花漂在面上。端出来上桌，既有花的香气，也有花的型。光是看到鸡汤面上漂几朵茉莉花，都能让这道汤平添几分诗意，而且也能喝到茉莉花的香味。而从文人食客的角度来讲，取花的香和鲜以达到他们喜欢的意境。真正去吃它，其实是没啥吃头的。

"抛开一些以花的药用价值入汤、入饼的不说，这些直接拿来炒的花，还是要选择性地用。你说的这些还是有一定的道理。其实，早年在荣乐园我也很少做香花鱼丝这道菜。"师父十分肯定地告诉我。

"从我所知道的以花入馔来说，改革开放之后，川菜师傅先后也做过一些，但一直没有大受欢迎。一般都是刚刚推出一道新菜的时候，大家只是新鲜一下。曾经，成都还开过一家专门卖花餐的馆子，保证一年四季都有可以吃的花，结果开了不到一年就关了。当时，我印象最深的就是，他们在泡菜里面都加了桃花，每个菜都跟花有关。真正来吃花的少，看稀奇的多。一桌席里都是花，太艳。"在王旭东先生看来，以花入馔，多以古代文人雅士为之。因为，在一花一席、斗诗斗句之间，花不仅为食物增添了文化内涵，也为文人雅士席间增添了话题与情趣。

其实，这也是我文章开头想要表达的。以花入馔，不能刻意而为。应于不经意之间，为就餐带来雅趣，同时也增添友人相聚的谈资和话题。我们要做"餐芳"就要先厘清它的文化内涵所在。以花入馔，要怎么入，才能充分发挥花的型与香，并于品味之间，烘托出意境？

比如，如果文人雅士预订来就餐，我们可以根据季节为其现场配制"餐芳"。同时，也可以调整一下以前对于花材的处理方式，哪些花可以受热，哪些花需上桌前撒之。既要符合这道菜被寄予的诗意，又要符合文人雅士对花与美食的理解。

在我看来，川菜制作不囿于常规性原料，对于平常很少入肴、季节性较强的花卉原料的入菜制作，也有自己的独到之处。成都，历来便是一座文人雅士聚集的城市。如果我们能够制作出深受人们喜爱，又能脍炙人口的餐芳佳肴，那么不仅能够丰富餐馆的文化内涵，还能丰富川菜的风味、风格与特点。

回锅甜烧白——川菜第一甜品

如今川菜虽然名满天下，但都被一个"辣"字盖了精髓，且外地人都以为川菜的代表是辣椒和火锅。殊不知，川菜的很多精髓和精华都不在"辣"上。这里，我要说的正是很多食客不了解的川菜第一甜品——回锅甜烧白。

川人吃甜，由来已久

在说菜之前，我们先了解一下四川人吃甜那些事。

西汉扬雄写的《蜀都赋》，说蜀地人做菜，调和五味之后还要"和以甘甜"，似乎是说什么都要加点甜味；三国时候孟太守给魏文帝曹丕报告，说蜀地的猪、鸡等都没有什么味道，所以做菜都要放饴糖或者蜂蜜……看来那个时候的四川人其实是爱吃甜食的。不过只过了一百年，到了西晋记述西南地方状况的《华阳国志》里，就说蜀人"尚滋味，好辛香"了。这个时候，四川人的口味发生了一些变化。而在辣椒还没有光临中国之时，古人吃辣的手段其实并不少，姜、蒜、花椒、生葱、韭菜等都各显神通。再后来，著名作家张恨水有言："人但知蜀人嗜辣，而不知蜀人亦嗜甜。"

到此，我们是不是可以这样判断，其实成都人爱吃甜和爱吃辣的习惯皆自古有之？

记得我身边有一位地道的"老成都"朋友，他曾经对我说过："现在成都的70后、80后，小时候吃酒席（九大碗）一般都会有这样的感受，最期待的一道菜就是最后上来的甜烧白（也有称'夹沙肉'），而最幸运的是刚好放在你面前……尤其是吃肉下面的糯米的时候，每一粒糯米里都饱满吸收了红糖的糖分和猪肉的油脂，那味道简直不摆了。"

　　我曾经吃过一次师父做的回锅甜烧白，入口的感觉也的确是这样，所有食材都把自己最精华的味道贡献出来，从而成就了糯米甜软糯腴的口感。但后来，我又吃过几次其他的回锅甜烧白，感觉就完全不一样了。菜端上来的时候，已经看不到糯米了，全回锅成了"一团粥"。

　　师父说，那是因为甜烧白蒸得过久，所以才会回锅时稀得成了"一团粥"。在师父的标准里，正宗的回锅甜烧白端出来的时候是要看得出糯米的颗粒，吃的时候还要吃得出洗沙（豆沙）的香味。糯米饭一定要很松散，才适合拿来回锅。师父对此一直有着严格的要求。"师父，为什么会有食客认为回锅甜烧白是三合泥（四川传统风味小吃）呢？"

　　"你说的这个，一是蒸得过久，二是洗沙不是自己做的，而是买的。糯米太稀再加上买的洗沙里面有面粉，回锅炒的时候当然就成三合泥了。一个厨师要做好菜一定要有标准，这做菜的过程，很多厨师都知道，但要达到标准，是需要不断地操作、练习、思考、总结的。就像我们今天说的回锅甜烧白一样，为什么别人会说你的是三合泥，不就是你这道菜没有达标嘛！"在师父心中，对于这道菜的评判标准是：成菜后色泽透亮，糯米滋润、香甜、软糯。

先来说说甜烧白

　　在说回锅甜烧白之前，我们还是先来说说甜烧白吧，因为回锅甜烧白正是在甜烧白的基础上演变而来的。

　　甜烧白只有四川才有，但每个地方做法都稍有差异，在过去的田席（指四川民间筵席，又称三蒸九扣席、九斗碗，始于清代中叶，因常设在田间院坝，故称田席）里，是必上之菜，它并不是高档宴席的必上菜，过去稍微有点规模的饭店都卖这道菜。

　　"这田席里面有四道皮，俗称'四姨妈'，指的是蒸肘子、粉蒸肉、甜烧白、咸烧白。"如果要胡廉泉先生把川菜的典故说完，那恐怕要讲三天三夜。

　　而这甜烧白不仅老人、娃娃喜欢，就连不少文人墨客也喜欢得很。一次，文学大师、美食家李劼人请沙汀（四川作家，代表作品《还乡记》《淘金记》）吃饭，在成都人民南路的芙蓉餐厅订了一桌，菜单里最后一道热菜

就是甜烧白。汪曾祺的《五味》里也写过夹沙肉，说："四川才有夹沙肉，乃以肥多瘦少的带皮臀尖肉整块煮至六七成熟，捞出，稍凉后，切成厚二三分的大片，两片之间皮肉不切通，中夹洗沙（因豆沙是暗红色，席宴中颇带喜气，故又称为喜沙），上笼蒸。这道菜是放糖的，很甜。肥肉已经脱了油（豆沙最能吸油），吃起来不腻。但也不能多吃，我只能来两片。"

我记得师父曾经说过，以前荣乐园席桌上的甜烧白，基本上是一人两片，不能安排多了，因为吃多了还是会腻的。在他老人家记忆中比较深刻的是，有老俩口经常排队来荣乐园买甜烧白，点一份，只吃一半，剩下的就带回去。那个时候，一份甜烧白要收半斤粮票，相当于一角钱一片，老俩口舍不得一次性吃完。

关于烧白，一直有很多争议。有说它是扣肉或扣碗，有说不是；有说烧白是广东的梅菜扣肉，有说只有川渝才有。我个人认为，扣肉、扣碗不一定是烧白，但烧白却是扣碗中的一种，因为它最后有扣的动作。比如，万字扣肉，是清宫御膳房为慈禧太后做寿时必用的菜品，最后也是扣入盘中，肉片朝上，但它不是烧白。

"甜烧白一定要选正保肋肉（里脊分为内外，带皮的为外里脊，又被称为保肋肉），而咸烧白才是选用五花肉。"针对现在市面上甜烧白大多都是选用五花肉的状况，师父又坐不住了。

做甜烧白的第一步是，选一块正保肋肉，先把肉洗净，锅里入水加葱姜去腥味，肉入锅煮二十分钟（八成熟），以筷子插进去不流血水为佳，因为过分熟了肉中间不好夹沙。

在煮肉的同时炒糖色。锅里加入少量的油，小火放入白糖，当感觉有点拔丝状时，待大泡泡已散去，只有小泡泡的时候加一点点水，熬制成棕红色。这时锅里的温度已经不是一百度了，趁肉还热的时候马上抹糖色。因为肉一冷毛孔收紧，水分迅速流失，肉表面只有油的话是上不起色的。另外，川菜中的红烧肉也离不开糖色。过去的川菜厨师一般不以酱油上色，都是自己用白糖炒糖色。据我所知，师父就是一直坚持自己炒糖色的，他对徒弟们也是这样要求的。

在等待肉凉下来的过程中，我们可以开始准备洗沙。四川人都选用红豆来制作这洗沙，把红豆用开水烫一下，稍微一煮皮就掉了。过去师父在荣乐园，一般都要自己弄洗沙，不像现在有专门的红豆沙卖。买现成的是方便了，但买来的大多不是百分之百的红豆沙，都是加了面粉的。接下来，把去皮的红豆磨成粉，上锅蒸熟后，锅里放油开始炒豆沙。一般是先炒一会儿之后再加白糖，然后再接着炒，在不断的翻炒中，直到白糖与豆沙融合在一起。这里需要注意的是，一定要将红豆炒翻沙，这样吃起来才会有红豆的香味和化渣的口感。

肉晾好之后，切成四厘米宽、八厘米长的块（要根据定碗的规格，进行调整）。接下来的这一步很关键，把肉切成"两刀一断"的火夹片，也就是说第一刀切到肉皮就不再切了，第二刀才切断。这里可以不必秀刀工，稍微切厚一点，太薄的话中间夹了豆沙再蒸容易烂。

这个时候，便可以开始夹豆沙了。逐片夹好之后，定碗。先摆"一封书"状，再在旁边各摆一片。"这甜烧白也算是'筵席菜'，厨师一般会按人头多摆两片出来，给想多吃的留一点想头。"胡廉泉先生精通川菜的各类门道，什么都能从他口中说出个所以然来。

甜烧白中的糯米也是有讲究的。先将糯米蒸熟，这里既要求糯米要吃到充足的水分，水也不能过多，为便于后面的回锅工序，师父在做的时候一般会刻意少加些水。然后，加黄糖或红糖将糯米拌匀。"我看好多还放点猪油跟糯米和红糖一起炒。"我问道。师父说："蒸的时候保肋肉的肥肉中的油脂自然会浸润到糯米中，这个时候加猪油炒糯米，就完全是多此一举了。"

糯米准备好之后加入碗中定碗，可以稍微多加一点，让中间鼓起来，不然蒸的时候会塌，扣之后会不饱满。如果是吃甜烧白，蒸一个半小时以上就可以吃了。如果要回锅，就得蒸上三个小时。这样肉的脂肪才能融化，直到筷子都夹不起来，肉皮也烂了，就可以拿来做回锅甜烧白了。

回锅的时候锅里加点点油，肉一炒脂肪就全部化进了糯米里，那些瘦肉也变成纤维融进了糯米。所以，每次吃回锅甜烧白的时候，你是看不到肉的，因此这也是一道吃肉不见肉的菜。炒的时候，除了油和白糖便不再需要其他调料了（如果回锅的时候油脂有点多，还须滗出一些油来）。

关于回锅甜烧白的故事

关于回锅甜烧白的来历，师父说这道菜完全体现了川菜厨师不浪费的节俭精神。为什么这样说呢？先来听师父说说这里面的故事：

这甜烧白本是过去宴席里的最后一道甜菜，因为由生到熟须大火加热一个多小时，十分费火，因此酒店通常会一次做上很多份，走菜时再蒸上半个小时，直到热透即可上桌。但由于份数太多，有时甜烧白无法在一天之内全部卖光，到了第二天就要反复加热。这加热时间一久便会导致其卖相走形、香味流失，肉块也会软烂得夹不起来。

那个时候的饭店，老板一般不会让厨师把这些没卖完的菜自己吃了。怎么办呢？厨师们就开始想办法了。说来这四川厨师真是聪明，居然想起来把这甜烧白拿到锅里进行回锅，而且，还跟食客说这是厨师开发出来的新菜。食客们一听，立马要求上一份。别说，这已经炒翻沙，微微有点起锅巴的回锅甜烧白，吃起来还真是香，甚至可以说比甜烧白还要好吃，成菜丝毫不腻，吃肉不见肉。久而久之，就有食客专门来点这道菜。慢慢地，回锅甜烧

白便登上了菜单，成了饭店的招牌菜。

厨师们为了不浪费一道菜而开动脑筋，不仅让甜烧白这道老菜在变化中不失原味，还焕发了新的生机。

不仅如此，后来聪明的四川厨师们本着节俭的精神，还把没卖完的粉蒸肉，重新穿衣（穿衣又称挂糊，就是在经刀工成形的原料表面裹上一层比码芡更稠的糊芡，这里是指裹蛋豆粉）再下锅炸。这道炸过之后的粉蒸肉，便是蔡澜先生十分喜爱的"脆皮粉蒸肉"了。2018年5月20日，蔡澜先生第一次到松云泽享用美食，其中一个就是希望能再次吃到让他念念不忘的"脆皮粉蒸肉"。

大名鼎鼎的蔡澜先生为什么会如此喜爱"脆皮粉蒸肉"呢？原因很简单，当这香脆与肥美结合在一起之后，吃起来是外酥内软，比起粉蒸肉，更有一番风味。

川菜厨师们爱动脑筋是早已有之，而且还流行着这样一句话："不会收足货的师傅不是好师傅。"这"足货"是什么意思呢？就是指川菜厨师做菜的过程中那些尚可利用的食材。

我不知道，如今的川菜厨师们还会不会"收足货"。我也不知道，如果蔡澜先生看到关于脆皮粉蒸肉和回锅甜烧白的故事，会不会又跑到"松云泽"再去吃一回这两道美味呢？

说到这里，我又想起如今川菜创新之情状。川菜创新虽是顺应时代发展的需求，亦是改革开放以来再次迎来大发展的必经之路。但不管你怎么创新，川菜厨师首先要守住传统，再谈创新，不能乱来。就像这道回锅甜烧白一样，你不能因为要创新一道菜而把甜烧白的本味丢掉。所谓"纵横不出方圆，万变不离其宗"说的就是如此吧！

苕菜狮子头——不一样的狮子头

20世纪二三十年代，一位叫作张宝桢的人在成都开了一家江苏菜馆。扬州狮子头从此就徜徉在成都人的餐桌上。只是成都人的口味始终与扬州人不同，就在这菜里加入了本地食材的元素"苕菜"，并在做法上进行相应改进，使之成为四川筵席菜中不可忽略的一道大菜。

主料并非肉丸子

为了让我见识一下这菜的真面目，师父特意安排了一个局。

当服务生端着做好的菜从我身边走过时，一股特有的清香飘然而至，让人顿生食欲。只见无比精致的青花碗中，盛着几个不太平整光滑的硕大丸子，鼓丁暴绽的，冒着淡淡热气；切得细细的苕菜绿油油浮于表面，让人不禁想起池塘里清绿鲜嫩的浮萍，美丽至极。

师父说，判断这菜是否正宗并不太难，只要注意几个细节即可。

首先，从形状上来进行观察。一个正宗的狮子头，无论是四川的，还是扬州的，其表面看上去都有些凹凸不平，且大都是扁圆扁圆的；若是表面太过光滑，则就没有狮子头的样子。

其次，从所用的食材来说，狮子头之所以表面不太光滑，是因为除了猪肉以外，里面还加入了火腿、豌豆等辅料，几种食材加在一起做出的丸子，很难保证表面食材结构一致。

再次，从口感来说，如果入口时感觉是猪肉，那也只能充其量叫作肉丸子，并不能称之为狮子头，全肉做出的肉丸子，表面就会特别光滑。

最后，这菜之所以名曰"苕菜狮子头"，那就必须要加入苕菜，而不能

以豌豆尖等来代替。

"以前乡下的亲戚们来城里走亲时，会给我们带上一两包晒干的苕菜，煮稀饭的时候加点苕菜和猪油进去，干滑清香，特别好吃。而做成苕菜狮子头以后，就更有一番风味在里面。"师父对这种特别有故事的菜，总是情有独钟。可谁又不是呢！

苕菜、巢菜、元修菜

关于苕菜在四川地区最有趣味的说法，可以追溯到宋朝时期。苏东坡曾经在他的《元修菜》一诗的题注中这样描述道：

> 菜之美者，有吾乡之巢。故人巢元修嗜之，余亦嗜之。元修云：使孔北海见，当复云吾家菜耶？因谓之元修菜。余去乡十有五年，思而不可得。元修适自蜀来，见余于黄，乃作是诗，使归致其子，而种之东坡之下云。

文中不仅道出了苏东坡与巢元修的深情友谊，也说明了元修菜名字的来历。南宋诗人陆游对此菜也是情有独钟：

> 蜀蔬有两巢：大巢，豌豆之不实者。小巢，生稻畦中，东坡所赋元修菜是也。吴中绝多，名漂摇草，一名野蚕豆，但人不知取食耳。予小舟过梅市得之，始以作羹，风味宛如在醴泉蟆颐时也。

他旅居蜀地时还曾写下《巢菜并序》一诗：

> 冷落无人佐客庖，庾郎三九困讥潮。此行忽似蟆津路，自候风烛煮小巢。

从陆诗中不难看出，当年陆游先生很喜欢食这巢菜。那时候巢菜也叫元

修菜，即今日四川之苕菜。

苕菜分为大巢和小巢两种，为豆科草本植物，常生长在麦田里或者山坡上，新鲜嫩芽或茎叶可以做蔬菜，清香细嫩；晒干的可以用来熬粥熬汤，甘滑清香，深受四川人喜欢。这菜在我国多数地区均有分布，而四川以此入馔已上千年。我曾在麦田间见其嫩嫩的芽子和小豌豆一样的果实，但却从未想过它可以入菜。到了收小麦时节，其果实成熟，在温度与阳光的作用下，熟透的豆粒从壳子里"啪"的一声蹦跶而出，掉进草丛和泥缝，在来年时节又从地里长出，生命力极为旺盛。

每年开春至清明节前，四川地区万物复苏，苕菜开始生长，这是苕菜最嫩的时候，适合食用；过了这段时间，随着气温的不断升高，苕菜的纤维变得越来越粗，就不适合做菜了。因此，这菜的鲜叶因季节性较强，就不得不提前将其采摘和储存。

储存苕菜需要讲究方法，在冰箱还没有问世时，人们将其嫩尖采下，然后晒干储存，日后吃时，切细煮在汤里或者加在稀饭里，不仅味道鲜香，还具有清热利湿、活血散瘀的功效。随着冷冻技术的发展，现在一般是将嫩叶收购回来后，在开水里面焯一遍，然后用冰水迅速将温度降下，放入急冻室里面储存。如此一来，不仅可以让苕菜保持它的鲜嫩，保证它的清香，还可起到固色的作用。

有人可能会问，既然都是速冻，那是否可以直接将嫩尖放入冰箱呢？

答案是否定的，因为只有高温焯水后再用冰水降温，才可以起到锁色、锁味的作用。当然，随着人们需求的不断提高，在食材上也更加注重新鲜，也有用冷链技术来进行输送的，冷藏后进行保存，也还算方便。

从扬州美食到四川名菜

扬州狮子头出产于扬州，所用的材料也与扬州颇有关系，那我们四川地区出产的苕菜又怎么和扬州的狮子头结上了缘分呢？

20世纪20年代，一位江苏人在成都开了一家餐馆，取名"花近楼"，除了售卖川菜，也有下江风味的菜，扬州狮子头就属其中之一。那时候有个叫张荣兴的厨师在这馆子里掌厨，就自然而然地掌握了这菜的做法。20世纪20年代末期，成都以叶树仁、叶适之兄弟为首的近十人的所谓"酒团"，以喝黄酒为主，涉足各家餐馆。后来，为喝酒方便，由叶氏弟兄集资，先在青年路九龙巷开长春馆，后迁提督街，取名长春食堂。

花近楼的主厨张荣兴后来就到了长春食堂任主厨，并将这扬州狮子头的做法也带了过去。然而他并没有将扬州狮子头的做法全部运用，而是因物而用，将那稍显油腻的扬州狮子头改为了苕菜狮子头，并逐渐发展成为长春食堂的代表菜之一。到目前为止，关于花近楼，我除了从师父口中听到之外，暂时也没有收集到任何其他信息，有可能是那几年，这江苏人挣钱以后就改了行或者移居别处了吧。

师父说："苕菜狮子头最早用的是干苕菜，狮子头做好以后，就把干苕菜和狮子头一起焐熟，这是此菜最初的样子。"苕菜狮子头在川菜里面属于烧菜系列，最后需要把汤汁收浓以后，淋在狮子头上，苕菜就围绕在四周，其味型也以咸鲜味为主。

苕菜狮子头的肉质比例为肥瘦各半，另外再加金钩、火腿、青豌豆和马蹄等，切成石榴粒般大小，然后拿蛋清豆粉来拌。而扬州狮子头的做法则是七分肥肉三分瘦肉，然后用干豆粉和蟹肉一起拌匀，每份做成十二个丸子，还要在丸子里面加入蟹黄，然后将菜叶垫入锅里，丸子放于其上，再用菜叶将丸子盖住慢慢煨熟，所以这菜的全名也叫作清炖蟹粉狮子头。而我们川菜传统的做法又与扬州的有所不同：我们一份菜里只做四个丸子，个子较大，并要到油锅里面去跑一下，但又不能炸变色，只需要将油炸进皮后就捞出来，然后再用蔬菜叶子铺着来炝。

遗憾的是，这道菜现在在成都各大餐厅已经很少见到了。

老菜新做——水汆代替油炸

元富师兄认为苕菜更适合吃嫩一点的，"老的适合用来喂猪，剩下的就拿来肥田，实际上人们也是将这作物进行了最大限度的废物利用，变废为宝，而干苕菜就刚好体现了这一优点。但是从味道上来说，油炸后的狮子头，其实在某种程度上将苕菜的味道弱化了，这一点是可以进行调整的，如果将各自的味道都发挥到最佳，那就更好。"

因此，再来做这道菜时，元富师兄做了些改良。

首先在选料时，以五花肉为主，另外加入笋子、菌类、马蹄等（没有马蹄可用地瓜代替），增强整道菜的口感，营造软中带脆的感觉。料选好后，将肉切成石榴籽般大小，放在盆子里面使劲搅拌，将肉质本身的黏性搅拌出来。待肉搅拌结束后，加入足够的葱姜水继续搅拌，再加入切好的辅料。

"此处，姜葱水一定要加够，这肉属于摔打肉，如果摔打不到位，水分就吃不够，做出来的丸子就会互相不粘，放在开水里一煮，就会沉下去。"松云泽厨师长小苏介绍道，"肉摔打结束以后，再在里面加上蛋清和水豆粉继续搅拌，最后用保鲜膜封上，放到冰箱里面去收汗（收水的意思）。"

收汗以后拿出来将其抟成丸子，再在锅里面加入水和葱、姜，烧开。另外，还需要再调制一些蛋清和豆粉，这不仅可以保持狮子头的鲜味，还可以让其口感更加滑嫩，也有点像做防水，将肉里面的水分锁住，以保证水分的含量。

传统的川菜狮子头，是用白菜盖着肉丸子焓，但是白菜在高温的作用下一烫就"死"了，不能起到很好的保温保湿效果，后来师兄就将白菜改为了莲花白。莲花白不仅形状好，有骨力，且能够保持到较高温度。此处的做法又与扬州狮子头有些不同，后者需要用菜叶子垫底，再放肉丸子，而元富师兄在做这一步的时候，只是把莲花白盖在狮子头上，然后再慢慢焓。在焓的过程中，要加入鸡汤，慢慢将汤汁收浓。

苔菜采摘时很鲜嫩，所以在下锅时也需要掌握好时间和节奏。一般情况下，每桌客人点菜的时间不一样，这狮子头的制作过程也需要一定时间，因此，厨房常会提前将狮子头煨熟了煲在那里，等要开始走菜时，才将切细的苔菜加入鸡汤，淋在狮子头上，上桌。

元富师兄说："以前传统的做法使用干苔菜，现在保鲜技术进步以后，我们就用鲜苔菜，这样可以将苔菜的清香味发挥到最佳状态。苔菜是个很好的食材，它的香味远远超过豌豆尖。苔菜属于清香味型，豌豆尖属于生香味型，吃起来有着不同的味道。同时，我们在狮子头的制作上也进行了改进，传统的狮子头需要下油锅跑一下，而我们为了将狮子头的鲜味更好地发挥出来，将油炸改为了水汆，这样也更加符合现代人的健康饮食理念。"

随着时代发展，苔菜狮子头从食材使用到制作工艺，都有了不同程度的改进，新鲜的苔菜代替了晒制的，莲花白代替了大白菜，水汆代替了油炸，这种种细节的变化，都在让苔菜狮子头变得越来越美味而营养。

精湛绝技

师父教我吃川菜

HOW TO TASTE SICHUAN CUISINE:
LEARNING FROM MASTER

竹荪肝膏汤——几近失传的功夫菜

提到川菜，可能在绝大多数的人眼中就是重油重盐，甚至包括很多四川人在内，也认为川菜只有麻辣的滋味。唯有真正的行家才知道，"一菜一格，百菜百味"才是川菜的精髓。

身为中国烹饪的主要地方菜之一，川菜不仅在口味上享有"百菜百味"之称，而且在各方菜系均有的汤菜制作上也是显示出了独特的风味与风格，有些汤菜如鸡豆花，以及我前文提到过的开水白菜等更是为川菜所独有，这里介绍的"肝膏汤"也是一道颇具特色的清汤菜。

吃不出食材来的竹荪肝膏汤

有一次带朋友去元富师兄的"松云泽"吃竹荪肝膏汤时，元富师兄突然在这道菜上卖起了关子，硬要让我们猜一猜是用什么肝做的。肝膏带个"膏"字，名副其实地较豆腐更滑更嫩，而且有肝香无肝腥，一桌子的人吃了，除了我之外没有一个能够猜出正确答案。因为，他们压根儿就没有把它跟猪肝联想到一起。

跟着师父这几年，我算是长了不少见识，见到过不少化腐朽为神奇的传统川菜。师父经常跟我说，每一道菜吃之前，要先知道这道菜用了些什么食材，它为什么要用这些食材，然后了解它的做法，最后才是这道菜的来由和故事。

那么，这肝膏汤的选料又是怎样的呢？师父告诉我："这肝要选黄色细沙猪肝，量不多有四五两就好。当初我在荣乐园跟着老师傅学的时候，他们还要加一副鸡肝进去。"那加鸡肝是为什么呢？"我觉得，加鸡肝是为了增加

它的香味。另外，还可能是为了降它的色度。因为鸡肝相对猪肝来说颜色要浅一些，而且鸡肝的质地更细腻。"那既然鸡肝质细颜色又浅，为何不干脆直接用鸡肝来做这道菜呢？"为什么一定要用猪肝，道理很简单，猪肝含什么最丰富？维生素A。维生素A有明目的作用。"

胡廉泉先生说，以前他在荣乐园的时候孔大爷（孔道生）给他摆过一个龙门阵。说这道菜最开始不叫肝膏汤，它叫肝汁汤。说是他们那个时候一户有钱的人家，家中老太爷眼睛不好，找郎中来看，郎中说："我有一民间偏方，就是每天把猪肝剁细，加点好汤把它蒸熟，吃一段时间眼睛就对了。"后来家厨又在此基础上加了蛋清，它就成了膏。过去，这"膏"有两种写法，一是蛋糕的"糕"，一是牙膏的"膏"。后者给人感觉很嫩，前者则显得稍微硬一点。

准备好黄沙猪肝和鸡肝之后，把黄沙猪肝和鸡肝去筋、切片，拿刀背剁，剁茸之后盛入汤碗，加入清汤调匀，用纱布滤去肝渣，留用肝汁。很多食客觉得肝中无渣不可思议，其实是他们不明白这其实就是川菜早已有的分子料理手法。将葱段和拍松的姜放入肝汁中浸泡五分钟取出，用纱布滤去渣子，去其腥味，再加鸡蛋清、精盐、胡椒粉、料酒调匀，倒入抹好猪油的碗中（抹猪油是为了避免取肝膏时粘住碗），上蒸笼猛火蒸八至十分钟，使肝汁凝结成肝膏。用细竹签轻轻将肝膏沿碗边划一圈，将肝膏"梭"入碗内，再注入扫过的清汤。从前是把所有的肝汁一大碗蒸之，做成一个大肝膏，上桌分食。如今，元富师兄将其改良为每人一份，盛放于小盅，既美观精致又方便食用。

蒸肝的诀窍，是要将蒸笼盖留一点缝隙，不然蒸时水汽滴下，表面就坑坑洼洼了。过去上笼蒸，老师傅习惯在碗上盖一张皮纸，用以挡水。现在是用保鲜膜，改用蒸箱蒸。盛放器皿也改进了，现在是用的凹点儿的盘子蒸；过去是拿碗蒸，但碗的厚度确实大了些，把握不好就容易蒸不过心。

同时，另在一锅内下大量清汤烧沸，放入竹荪调好味，分别在汤碗内舀入竹荪和高级清汤，然后把蒸好的肝膏放入汤碗内，走菜。这道菜，蒸之前清汤和蛋清的比例很重要，蒸的时间也需好好拿捏，稍微掌握不好食材就要浪费。肝膏蒸好之后脱模环节也十分考手艺。最后入汤的时候，汤的多少也

关系着肝膏能否浮于汤面……诸多环节，任何一环出了差错，都会前功尽弃。所以，为什么会说这是一道只流传在川菜老师傅手中的功夫菜呢？因为只有经验丰富、能够熟练掌握好各个环节的老师傅，才能成功做出一道竹荪肝膏汤来。

"在肝膏的基础上，厨师可以在菜式上变花样。比如，加竹荪就叫竹荪肝膏汤，加银耳就叫银耳肝膏汤，加鸽蛋则成为鸽蛋肝膏汤。"师父说，那次蔡澜先生到松云泽吃竹荪肝膏汤的时候，他老人家因为担心后厨师傅操作不好，还亲自到现场指挥。

猪肝的重口味之旅

现在，我们来说说猪肝。在重口味俱乐部里，肥肠党、脑花派都是大牌，肝脏爱好者却不动声色默默自成一派。其实，肝是动物体内合成胆固醇的地方，爱肝的人才算是深谙内脏食用学的奥义。

前两年到武胜县出差，在县政府附近有一家"武胜猪肝面"，因为好奇猪肝居然撑起了场面，便前去品尝了一番。别说，这猪肝面味道还不赖，猪肝极嫩，且基本上吃不出腥味。吃完面，我问老板："武胜猪肝面是你们家乡的特色？"闲聊之中，老板说这武胜猪肝面可是武胜县飞龙镇段氏的祖传秘方，在当地十分火热，现已作为武胜特色小吃在外推广了。不知什么时候开始，我不知不觉地养成了一个吃的时候要一问到底的习惯。

大多数人第一次的吃肝体验都缘于猪肝，因为猪肝门槛不高，每家每户餐桌上都可以有这么一道，也都做出了各自的风格。像北方人就喜欢勾芡，东北的溜肝尖，老北京的炒肝，都是饱肚的硬菜，一口下去，两三块嫩肝伴着浓郁的芡汁，很实在；长江流域水气重，什么食材都喜欢拿来爆炒一番，湘西人有土匪猪肝，大块猪肝加本地红辣椒和大蒜快手炒制，香辣、厚实、够野；四川则独爱肝腰合炒，猪肝切片，猪腰切花，大火炒至六分熟，加木耳和大葱段，猛火一烹，肝片嫩腰花脆，能下两大碗白米饭；到了喜食汤汤水水的南国，猪肝更逃脱不了做汤的宿命，家常版本是配菠菜做猪肝汤；台湾的麻油猪肝汤，与麻油鸡类似，是真正的"妈妈味道"，猪肝因为有了姜片和米酒的加持，荤腥味消失得全无踪影，即便吃得再饱，也会被诱惑得再硬喝下两碗。

酒能去肝腥，基本上是通识。而这道竹荪肝膏汤，也是国画大师张大千的最爱。张家大厨在老饕大千调教下，将这道肝膏汤做得出神入化，一度引来大千的恩师曾熙登门拜访，点名要吃一吃。可以肯定的是，肝膏汤确是从达官贵人家里流传出来的，是食不厌精的代表之作，哪怕颗牙全无，亦能照食不误。

师父说，他们考厨师的时候也考了这道菜。有一次培训班还专门请防疫站的医生来讲课，医生特别讲了夜盲症。"说你不要去吃药，就炒几次猪肝来吃，你的病就好了。因为猪肝维生素A的含量很高。"从营养价值的角度来说，猪肝是川菜比较典型的家常菜食材，许多家庭都爱以此补充维生素A，所谓的食疗之法便是如此了。猪肝本是很普通的食材，并不名贵，但老一辈的川菜师傅却把它做成了一道富贵菜，这多少让食客对这道菜产生了很多的想象，因为肝膏要浮起来，从某种意义上来讲它也是一种化腐朽为神奇了。

扒一扒肝膏的故事

扒完猪肝的那些事儿，我们顺便来扒一扒肝膏的故事。相传"肝膏"名字的背后藏着一段有趣的故事：大约三四百年前，四川西南部有一个富商，喜好口舌之欲，府上常年招厨子。但他的年纪很大身体虚弱，难以承受一般的肉食和油盐酱味重的食物，于是要求聘请的厨师能够烹制味道奇美、易于吞咽的食物。由于他的要求很高，厨师们来了又走，没什么人能留下。这天新来一位厨师，想着随意赌一把，不行就走人。他把猪肝和鸡肝剁碎了混合在一起，加入香料调味，加水搅拌，滤渣后用蒸笼蒸熟。富商吃后非常满意，问这道菜叫什么名，厨师胡编了个名字：肝清汤。富商要求厨师每天都做这道菜，有一回厨师没注意，旁边打下手的小弟把做其他菜剩下的蛋清加进去一起蒸，待他揭开蒸笼一看，肝已凝固成了膏状。时间不容许重新做一遍，于是他加入了一些新鲜竹荪。富商看到了大为新奇，一尝之下味道很不错，比肝清汤更加鲜美，问厨子这是为何。厨师早想好了对策，就说怕老爷每天吃同一道菜吃腻了，想法做了一道荤素合体的肝膏，请老爷尝鲜。富商交际很广，经由他的夸赞，这道菜声名远扬，后经名厨的略微改造后，成为四川的名菜，流传百年。

而这肝膏汤中的"汤"在川菜中起到了不可小视的基础作用，很多川菜中的传统名菜成菜都需要用顶级的汤汁来辅助。正因为如此，川菜厨师凡成大器者手中一般都会有两三道汤菜绝活。其中，罗国荣大师就有一道肝膏汤被称为绝品（张大千应该就是在"颐之时"吃到罗国荣大师做的肝膏汤之后，回去叫他的家厨不断操练才烹制成功的），这道汤在"颐之时"曾被作为头菜推出，很有名气。直到1949年后，我国驻缅甸大使李一氓在举行宴会时就曾要求使馆的厨师——罗国荣的徒弟白茂洲把"肝膏汤"作为筵席头菜。

胡廉泉先生说，1983年《中国烹饪》杂志曾经发表了一篇"老报人"费彝民先生写的文章，文章里说："川菜里面有一道很有名的菜叫作肝膏汤，现在可能吃不到了。"所以，在这年的11月，"全国烹饪名师表演鉴定会"在北京举行时，成都的师傅就将肝膏汤作为表演项目带到北京，得到了与会嘉宾的极高评价。

后来，北京四川饭店的川菜大师刘少安制作的一道"清汤肝膏"上了一位法国副总统举办的宴会。这位副总统在品尝了细腻如膏的肝膏和澄清如水的清汤后接连称赞"太好了，太不可思议了"，随即送上一瓶红酒以示谢意。

蔡澜先生在松云泽吃过竹荪肝膏汤之后，也给予了很高的评价："这道张大千最爱吃的川菜，是要用放过血的猪肝来捶茸，再以纱布滤尽纤维，最后用蛋清蒸之。蛋清的量、蒸的时间都影响味道和口感，蒸肝要看是否成形，以是否能浮汤面为准，已没多少人会做了。"我听元富师兄说，当日蔡澜吃的竹荪肝膏汤用的是竹荪的升级版本——香荪。而这香荪比竹荪还要好，它的产量更低，更珍贵。

竹荪肝膏汤虽然味道极好，但其取材精细，制作过程繁杂，十分考究手艺。在生活节奏极快的当下，年轻厨师几乎没有精力和时间来学习这道菜的做法，而在大多数食客看来，有这个时间不如去吃一顿火锅……久而久之，这道经典川菜几近失传，只有寥寥几个川菜名厨还保留有手艺。竹荪肝膏汤，就这样成了一道只流传在川菜老师傅手中的功夫菜。或许唯有热爱美食、对美食颇有研究心得的人，才会专门跑到城内几家著名的私家菜馆，请老师傅做一做这道菜了！

菠饺鱼肚卷——菜点合一

师父常常说，以前学艺的时候，老师傅一般不会详尽地告诉你一道菜的烹饪方法，你就只有站在旁边看，并牢记师傅做菜过程中的简短几句话，事后再慢慢琢磨。其中的奥妙，需要学徒自己慢慢领悟，并通过不断的实际操作，从失败中总结经验，方能从中悟出个所以然来。

正如本书这些传统川菜的故事、制作方法及品鉴之法一样，我可以尽自己所能将之整理为文字或图片，让读者能够明白一道经典传统川菜的形成并非偶然，是一辈辈匠人经过无数次努力才创造出来的。而自从跟着师父学吃川菜以来，我也试着自己去做几道喜欢的经典小菜。另外，不管是创新菜还是从朋友口中得知的新奇美味，我都尽量让自己多吃、多看，并从中总结出一些心得来。

小吃菠饺与筵席大菜鱼肚卷

那么，我们这一次要说的是一道很传统的菜点合一的代表菜：菠饺鱼肚卷。

这鱼肚即鱼鳔的干制品，又名鱼胶、花胶。鱼肚与燕窝、鱼翅齐名，是"八珍"之一，素有"海洋人参"之誉，是十分珍贵的食材。胡廉泉先生说："这鱼肚的主要成分为胶原蛋白，并含多种维生素及钙、锌、铁、硒等微量元素。而用鱼肚作为第一道大菜的筵席在以前也称为鱼肚席。"

一道成功的菠饺鱼肚，最关键还是在于"放鱼肚"的制作环节。在后面的"蹄燕"一菜里，我会详细讲讲"放蹄筋"之法，二者在发制过程中的方法大体上是一样的，有一点区别的是：当鱼肚用冷油泡发，随着温度的升高

慢慢变软之后，我们要先将其捞出，拿到砧板上把鱼肚用刀片薄一点，然后再继续发制。因为鱼肚这一食材较之蹄筋更厚，如果不在其软和之后片薄，将很难发透，从而达不到完全膨化的状态。

经过油发的鱼肚，此时已呈蜂眼状，将鱼肚捞出之后还需将其水发一段时间。这里需注意的是，一定要拿盖子将泡水的鱼肚压住，不然鱼肚会漂浮于水面，达不到泡软的效果。

"一份菠饺鱼肚需要几张鱼肚？"我问。"几张？如果是大的，一张都要不到，鱼肚膨化之后的气泡要比蹄筋大得多。一般来说，鱼肚越好，其出材率越高。"师父说。光冷水去油还不够，冷水泡了之后，捞出来还须再加干面粉把油裹走，裹完还要拿水走几次，直到鱼肚变得又白又膨又软和就可以用来做菜了。

此时的鱼肚还是相对较厚的，还需将其片成片，片的时候注意不能太薄。师父说："按照老传统做法，现在可以开始准备鱼肚卷里的馅了。"这鱼肚卷的馅，一定要选肥瘦肉，然后将肉剁细，加冬笋粒、煮过的青豌豆切细粒，火腿切成末……红、黄、绿，颜色十分好看。然后再加蛋清、豆粉拌成馅。紧接着把鱼肚铺开，抹蛋豆粉，入馅，卷起，蛋清封口，然后上蒸笼，蒸七八分钟。取出切成段状，大约四厘米宽，五六厘米长。然后定碗，形状可摆风车形或万字形。定好碗之后加入奶汤，上笼馏着（保温）。

接下来准备去筋的白菜心（只要中间的心），用开水焯过之后，取奶汤煨一下，让它吸收汤的鲜味。菠菜饺子的做法就相对简单，用的还是刚才鱼肚卷的馅，只需要在面粉中加入菠菜汁和成面团，擀制成皮，将馅放入面皮包成饺子。至于是要包成月牙状，还是其他什么形状，这个可以按照厨师的想法和创意来，并没有强性要求。

装盘时将白菜心放于盘中央，取出熘好的鱼肚卷，翻扣在菜心上，周围用煮好的菠饺围上。锅中放猪油，下姜葱段爆一下，加入奶汤、盐、胡椒水，烧开后去掉姜葱不用，勾二流芡。起锅时加点鸡油，淋于菜上。于是，一道菠饺鱼肚卷便算是制作成功了。

中间是白色的鱼肚卷，外面一圈是绿色的菠饺，再加上黄色的鸡油，视觉效果十分不错。为什么这些川菜大菜都是咸鲜味呢？师父说："要知道川菜

筵席的头菜，一般都采用的是珍贵食材，而这些珍贵食材不可能用味重且厚的味型（比如鱼香味、家常味）去掩盖它的鲜味。过去吃筵席，一听到燕菜席、海参席、鱼肚席这些名字，食客就知道今天筵席的规格不低了。"

没听师父跟我讲这些制作流程之前，我还以为这道菜是用的淡水鱼食材。结果听师父一说才知道是海鱼的鱼肚，又让我长了见识。

"我就比较喜欢吃菠饺鱼肚，菠饺鱼肚是不用裹馅的，鱼肚可以片稍微厚一点，直接吃鱼肚片，那种滋味才'赶口'（四川方言过瘾的意思）。"胡廉泉先生吃鱼肚有着自己的喜好。

这菜在菠饺和鱼肚不变的基础上，也可以有多种多样的变换。如果觉得围成一圈摆菠饺不好看，还可以把鱼肚做成片，一半有馅一半没有馅；或者，把胡萝卜、丝瓜皮、蛋皮切细丝入卷，两头都露出点里面的菜来，配为红黄绿三色；还可以包成"荷包鱼肚"也十分好看……厨师可以自由创造发挥。

而这菠饺鱼肚卷，也是过去厨师考级中容易考到的菜式之一，在那个时候算是比较有技术含量的菜。其中的基本功和章法，都是需要厨师经过不断操作方能够熟练掌握的。师父说，20世纪七、八十年代考特级的时候就有这个菜。这是菜点合一的代表菜之一，很好看，也考基本功。要求厨师从和面、取汁、擀饺子皮这些流程一步一步做起，加之对鱼肚制作和奶汤烹制技艺的考验，如果食材最后成功组合，便会产生一种韵律之美。

要做鱼肚菜，离不开一锅好奶汤

随着现代食材种类的增多，烹饪技术的改变，这道菜的制作似乎看起来没有什么太大的难度，但在20世纪七、八十年代的时候则不可同日而语。仅这奶汤，就巧妙而关键。

过去是没有鸡精的，所以鱼肚菜要求奶汤一定要好。

那么这奶汤又是怎么制作，怎么才能白起来的呢？过去常说"无鸡不鲜，无鸭不香，无肚不白，无肘不稠"，就是用来描述奶汤的标准。所以，要想制作一锅上好的奶汤，鸡、鸭、肘、肚四种食材缺一不可。

四种主要食材准备好（鸡鸭都是整只）之后，洗净，放水里煮去血水，再入锅重新加水，大火烧开，加入葱姜去异味。奶汤与清汤（清汤是烧开之后转小火慢炖）的制法不同，便在烧开之后继续用大火。奶汤水量一定要一次加足，中途不另加水。大火炖上好几个小时之后，汤汁变得白如奶且浓稠。这时把鸡、鸭、肘、肚（因为鸡鸭肘肚还可用作其他菜肴）捞出，过滤掉杂质，一锅鲜香味浓、色白如奶的奶汤便制作好了。

师父说，以前的老师傅不仅要会做汤，还要惜汤。在荣乐园的时候，厨师面前都是要有一吊子汤的。那个时候的厨师是羞于用味精的，不然会被人叫"味精厨师"。如果被食客发现你用了味精，就要被人说："这个厨师厨艺不行了才用味精！"这时厨师会羞得恨不得地上裂个缝缝钻进去。

盘一盘，菜点合一的菜肴

菠菜鱼肚饺是一道"菜点合一"的菜。所谓"菜点合一"，胡廉泉先生解释道：菜肴和面点结合的思路是川菜乃至中国菜肴创新的一种独特风格。

面点和菜肴除了相互借鉴、取长补短之外，有时还通过多种方式结合在一起。且多构思独特，制作巧妙，成菜时菜点交融，食用时一举两得，既尝了菜，又吃了点心；既有菜之味，又有点之香。

胡廉泉先生讲了一道比较有历史的菜点合一菜——百鸟朝凤（炖好的全鸡与煮好的鸟形猪肉馅水饺）：清朝乾隆皇帝给太后庆贺六十大寿，宫女们抬来了一百只鸟笼子，每个笼子中装一种鸟。一声令下，宫女们齐齐打开所有的笼子，百鸟啼啭之声久久回荡。于是，御厨根据这热闹场面，精心制作了这道"百鸟朝凤"，太后吃后连连称好。从此这道菜便流传至今。这道菜在清朝有详细记载，而这个故事也说明，在那个时候烹饪菜肴里就已经有

"菜点合一"了。

师父也给我讲了另外几道菜点合一菜,其中之一便是菠饺银肺。这是他老人家印象深刻并喜欢吃的一道菜,主料是菠饺与雪白的猪肺,这道菜现在有的餐馆还在卖,是属于受大众喜欢的菜肴。另外还有抄手鸭子,是烧鸭子经油烫了以后去净骨,宰成一字条摆盘,镶油炸抄手上席,这道菜成都人非常喜欢吃。川菜中比较有名的响铃肉片也是菜点合一菜,当鲜美的热汤浇在形似金色铃铛的抄手之上发出滋滋的响声时,座上的食客早已口水滴答。

"我记得还有菠饺玻璃肚,用的是猪肚,那肚片制作得透亮,看起来跟玻璃一样,吃起来柔软细嫩,十分美味。说到这里,我突然想起来90年代那会儿,有一次朋友送了我几片鱼肚,为此我专门拿到岷山饭店去找厨师帮我加工,那个时候对于珍贵食材的烹饪与食用,总感觉有一种神圣的东西在里面,生怕一不小心就暴殄天物了。"王旭东先生想起他那个时候为吃一道美食的虔诚态度。

口袋豆腐——代代相传

从川菜历史发展来看，口袋豆腐这道菜已经找不到出处，由于做工极其复杂，如今鲜有厨师研究与制作。在我师父的从业生涯中，荣乐园不仅仅是他曾经工作的地方，更是他学习很多工艺菜品的地方，口袋豆腐就是其中之一。

师父从后台端出这道菜时，心情十分愉悦，大大的眼睛笑成了一对豌豆角，招呼大家过来吃豆腐。如果不是提前告知，我很难想象这竟是一道用豆腐制成的菜，因为它的形状像极了一个麻布口袋。可是在我们平常生活中，用豆腐制成的菜并不算少，麻婆豆腐、家常豆腐、酱烧豆腐、鱼香豆腐饺、

凉拌豆腐、豆腐脑等，喜闻乐见。那师父做的这道口袋豆腐，除了外形，还有什么独特之处呢？

师父拿着一双筷子，小心翼翼将碗里的豆腐夹起，问我："你应该没见过这道菜的，更不知道如何来吃。"我表示不知所措。

"这道菜，之所以叫口袋豆腐，不仅仅是因为它的外观像一个麻布口袋，最主要的是这口袋里面还有货！"师父说，作为一名食客，判断口袋豆腐是否正宗，第一步要从外观入手，用筷子夹起来起码得像个口袋，这个口袋的形状不是四四方方的长条形，而是尾部像个装了水的长方形袋子，头轻脚重地坠起，里面有浆。在成都市面上，也有很少一部分餐厅会做这道菜，但很多都做得不够标准，比如从外形上看，有的夹起来后不仅没有坠感，整个表面就是一个正规的长方体，里面也不会有浆汁，俗称油炸豆腐。不过绝大多数食客从来没有听说或者真正吃到过这道菜，所以就没有了一个评判标准。

正宗的口袋豆腐，是一道名副其实的汤菜。口袋做好以后，须加入精心熬制而成的奶汤，再加入准备好的蔬菜等一起烹制而成。在一些餐厅里，他们做的所谓的口袋豆腐，形状很相似，一头圆，一头尖，但最后成型却是一道烩菜。关于"汤菜"和"烩菜"这两种做法，胡廉泉先生当年搞教学的时候曾编写过资料。直至今日，这菜在川西坝子都非常出名。但是随着时代变迁，像口袋豆腐这种十分讲究工艺的菜品，已经越来越少有人做，许多食客自然也就不辨真伪。

同样是厨师的张金良就曾经给师父摆过一个龙门阵。他的女婿在青城后山承包了一个度假村，因为是自己的女婿在经营，张师傅有时候会过去看一下。有一天，女婿跟他说："昨天有几位客人来这里吃饭，叫我做个口袋豆腐，我又做不出来，最后就想了个办法，把豆腐掏空以后，把肉馅装进去，炸了之后再蒸，然后端出去给他们吃。我看几位客人也没有评论这道菜，不知道他们是会吃还是不会吃。"

张师傅听后，就说："这个你都不晓得，我来教你，你就晓得什么叫作口袋豆腐了。"话音未落，那几位客人又来了，依旧点了口袋豆腐这道菜。于是张师傅就带着女婿去后厨，一边做一边教女婿。可是成菜端出去以后，又

被客人喊着端了回来，说道："昨天吃的那个豆腐才叫口袋豆腐嘛，你今天这个豆腐里面什么都没有，就一包水还叫口袋豆腐，内容都不一样了！重来重来！我们要吃昨天那个！"这个事情发生以后，张师傅才意识到，由于人们很难再吃到正宗的口袋豆腐，况且没有什么现成的资料供人参考，一些厨师或经营者随便乱编，食客便被糊弄，不知真假。

当然，不同的地域也可能会有不同的做法。在重庆地区也有口袋豆腐一说，但是他们的做法跟我们现在四川的做法完全两码事。他们的豆腐要在里面加鱼肉，挤成一头圆一头尖的圆子，下油锅炸成浅黄色，加奶汤入锅，烧成一道烩菜，这是重庆的口袋豆腐。在川菜里，还有一道类似于口袋豆腐的菜——箱箱豆腐。这道菜历史也十分古老。人们把它做得跟皮箱子一样，按照口袋豆腐的样子，将豆腐块炸过、中间掏空，把馅儿放进去后盖住，再上蒸笼去蒸，之后挂汁。这道菜之所以叫作箱箱豆腐，就是因为它的外观很像箱子，上面还有饰件。只是这道菜平时餐桌上很少见到，常常用在展台上。

口袋豆腐的选料，豆腐最为关键

四川豆腐的成型主要有两种方式：一种是点石膏水，一种是点胆水。它们各具特色，也不分地域和季节，一年四季随时可食。我师父他老人家最早在荣乐园学做这道菜时，没有教材也没有师父手把手教，都是在练习时不断摸索总结经验。在刚刚开始学做时，师父并不知道什么豆腐比较适合做这道菜。有时候油炸，会把壳炸出来，最后成不了型；有时候豆腐里面的气孔很大，要漏水。总之，每次做出来的成品都会有些问题，甚至头一天做出来的和今天做出来的都会有不一样的问题。师父是一位非常较真的人，越是有问题，就越是要弄个明白。后来他发现，在选择豆腐时，组织紧密、光滑的豆腐最适合，不容易烂，切豆腐条时，四棱四线的角落上也不容易有缺口，这样一来，豆腐条就不容易断掉。相比之下，石膏豆腐就比胆水豆腐更能胜任。当然，师父也谦虚地说："我个人接触这么久以后，觉得石膏豆腐会更加好一点，这不过是我个人总结的一些经验。"

在豆腐的选择上面，除了要选组织紧密的，还要专挑嫩一点的，因为嫩豆腐比较容易脱浆。

前面我也有说到，口袋豆腐是个汤菜。顾名思义，汤菜的汤，就显得特别重要了。口袋豆腐的汤，按照传统的做法，一定要用奶汤。奶汤是用鸡、鸭、猪肚、猪肘加水，大火、加盖熬制而成的，因其汤色"浓白如乳"而得名。口袋豆腐的辅料，一般用菜心、火腿片、熟猪肚片、冬笋片等。师父说，口袋豆腐是一个考厨师技术的菜，需要具有一定的功夫才能胜任，若按成本来讲，这道菜最贵的并不是豆腐，而是汤。豆腐在四川地区的菜市场特别常见，市场里面常常两三元钱就可以买到一块，但是汤的材料就不一样了。可以说，这道菜的精华不是豆腐，而是那一碗配料多样、营养丰富的汤。

豆腐脱浆很关键

口袋豆腐这道菜，成品看上去是一个袋子的形状，但在制作时，它并不是用袋子套成的，而是用豆腐块打成豆腐条后，再经过其他工序一步一步最终成型。师父觉得，将豆腐切成大拇指这么粗的长条最为合适，这点也是他在荣乐园时经过不断操练总结出来的，一块豆腐大概可以切十多个豆腐条，不大不小，刚刚好。

豆腐切好以后，就要下锅去炸，其表面会慢慢起一层淡黄色的皮，待到表面颜色呈现棕黄色时，方可起锅，然后将炸好的豆腐放入加有食用碱的开水里去泡，并要拿一个碗将它盖住，把豆腐焖在里面，十多分钟后方可揭开。可能大家都比较好奇这豆腐条里的豆腐是如何成浆的，答案也就在这个步骤里。

"将碗揭开，用手捏一捏豆腐条，感觉一下里面的状态，如果捏到中间时还有一块硬的，那就可以再用碗盖住焖一小段时间；再次开碗时，里面基本上就已经全部成浆了，纵使有很少的一点点硬块，也没有太大的关系，只要用手稍微一捏就行了。"师父用筷子夹起一块豆腐让我仔细观察。

师父还特别指出，食用碱的浓度和所泡的时间长短，需要经过多次的实验之后才能熟练掌握。化浆的过程可能总会不太到位，或者一不小心就化过了，有时候可能是碱性没有到位就会形成典型的油炸豆腐，有时候也可能是

温度没有到位，这都需要根据具体的问题进行相应的调整。对于没有经验或者经验不足的厨师来说，这个过程可能需要试很多次。

"这些浆被包裹在炸成了口袋的袋子里，原来的条状豆腐就变成了袋状豆腐。一提，它就坠起；一坠，它下面就成了一个圆，特别像布袋和尚的那个袋子。"师父绘声绘色的讲解让我听得入迷，"口袋豆腐一旦成型，就要赶快将碗里的水放掉，因为泡久了以后，在碱性的作用下口袋容易烂掉，这个步骤也跟焖的时间和放碱、去碱的时间有至关重要的关系。放水以后，需要立马换上新的不加碱的开水去碱，并将提前准备好的奶汤加入和口袋豆腐一起泡煮，切记不要早早地就将口袋豆腐做好，而是要与下汤的时间完全吻合，这样才能保证这菜上桌以后，食客能够用筷子夹得起来。"

愿口袋豆腐代代相传

口袋豆腐的做法作为川菜里的一种优秀技艺，是件很值得骄傲的事情。这一点我深有体会。因为在其他一些菜系里，很多都过分注重食材是否高档、名贵，而川菜则在技艺上下了很多的功夫。就拿口袋豆腐来说，它的成本价值并不高，但是这烹制的技艺只有川菜师傅才会做。

师父在他十多岁做学徒时就知道口袋豆腐，但真正学做这道菜品，还是在红旗餐厅（即后来的荣乐园）读"七二一工人大学"时。荣乐园一直都有个传统，就是要培养专业厨师，所以学员都想把事情做到最好。大家在一起讨论如何做菜，一天到晚心里想的也都是菜。

然而，那个时候的荣乐园，没有钱发，厨师们就连第一个月的六元钱奖金也没有拿到。在这样的境况下，一些人怀着无比向往的心情进入荣乐园后却又都想着离开。当时师父和另一位叫李德福的同桌年龄最大也最珍惜学习的机会："为了听大爷们的课，就要学会为他们服务。如果是抽烟的大爷，我和德福就会想办法从贵阳帮大爷买点烟带回来；如果是喜欢喝茶的大爷，我也会主动买碗茶。那个年代，烟是只能帮着带的，因为太贵，家里又有几个娃娃，实在是送不起，尽这个心帮大爷做点事就已经不错；但如果是茶钱，倒还可以承担。那时候孔大爷（孔道生）与张大爷（张松云）时常在茶铺子里喝茶，聊一些做菜的话题，我和德福就在那里跟着学技术，回去后还要慢慢地琢磨尝试着做。"

师父和德福师傅一起做口袋豆腐，两个人都失败过很多次，有时候两箱豆腐做出来也没几块能够拈得起来。但是他们善于在失败中总结教训，坚持不懈地尝试，找机会观察别人的操作过程，最后，终于学会了做这道菜。

师父说："口袋豆腐并不是一道民间菜，而是一道筵席菜。虽然它的历史已经没有办法考证，但不得不承认，发明这道菜的厨师特别有智慧。"有可能刚开始时，这道菜并不是如现在这般呈现的，而是在一代一代的传承与改进中，不断融入了更多厨师的心血与智慧。

如今，元富师兄对这道菜的烹制做了一些改进，汤菜的属性没有变，只是将奶汤变为纯素的汤，只放菌子、松茸和一些时令蔬菜来熬制，这样出来的汤更加符合现代人追求健康的饮食要求。当然，这样的改良对厨师熬汤的技艺也会要求更高。

芙蓉鸡片——芙蓉城里说芙蓉

有人说："人心各异，犹如千人千面，怎能保证天下人和你口味一致呢？"长期混迹文坛与烹饪界的清代美食家袁枚却说："像不像，三分样。我虽不强求众人口味与我一样，却无妨我把自己喜欢的美食与人分享。饮食实属小事，对于忠恕之道，我心已尽，还有什么可遗憾的呢。"

今天，我们就来说一说芙蓉鸡片吧！

芙蓉鸡片的三种做法

芙蓉鸡片是川菜中的传统菜，但是不是地道的川菜，还没有肯定的说法。它之所以叫芙蓉鸡片，是指成菜之后的形状有点像白芙蓉花的花瓣。

首先，选料一定要是白净的去皮鸡脯肉。要注意，不能选呛了血的鸡肉，因为呛了血的肉里面是红的，半成品出来时入汤一烩，就变成乌的了，十分影响成菜后的颜色。一般来说一个鸡脯肉就够了，去筋，捶茸。先将鸡茸加入冷汤（是冷却后的高汤，而不是水）增鲜，后加鸡蛋清（一般二两鸡茸四个蛋清），搅拌好之后加盐（也可以加点胡椒水）。盐一下去蛋白质就开始收缩，再一搅拌就会变稠，使鸡茸更加洁白。然后，加水豆粉（也可不加）。最后，再适量加点汤（鸡汤更佳）调成备用的鸡浆。需要注意的是，做芙蓉鸡片的鸡浆要调得比鸡豆花的鸡浆浓稠一些，因为这个鸡浆下锅要成片状，而鸡豆花只要成团即可。

胡廉泉先生说，在做芙蓉鸡片之前，要先制鸡片，制鸡片有三种方法。第一种是孔道生师傅讲的。说过去成都有一家餐馆名叫"北洋餐馆洞青云"。有一次，孔师傅看到这家餐馆的一位厨师做鸡片的方法是"用油冲

的"。烧一锅猪油，油的量大一点，待油温达到一定程度后，用炒瓢舀一瓢调好的鸡浆，顺锅边滑下去，让它自己向下梭成片状；过一会儿，从油中把它打起来，用汤泡起。这种制作方法叫"冲"。

第二种是将"冲"改成"摊"，摊的时候，锅里有油不现油，温度不能太高，不然容易起糊点。将鸡浆在锅里摊成蛋皮状，一片一片的，然后打起来，同样用汤泡起。

这两种做法各有特点，用"冲"的方法，鸡片颜色好，雪白，但张片成形要差一些，有厚有薄。如果在汤里的浸泡时间不够，油脂会略显重一些；用"摊"的方法，鸡片厚薄比较均匀，但它的颜色要差一些，因为摊的时候不可避免地会出现粘锅的情况。

这里，我需要补充一点：有一天，去元富师兄的松云泽观摩了芙蓉鸡片的制作过程。元富师兄他们目前采用的便是"摊"的方法。不过，较之以前的传统做法已有所改进，摊鸡片的时候并未出现粘锅现象，而且摊出来的鸡片厚薄均匀，颜色雪白，完全没有出现糊点，很是神奇。于是，我问元富师兄，怎么办到的呢？元富师兄说："将调制好的鸡浆，充分搅拌后倒进炙过的不粘锅的锅里，等它慢慢成型。取的时候用油来冲，等它浮上来后快速揭起。这应该是两种方法的综合运用。现在也有一些新的方法例如蒸，但我坚持把传统的方法教给徒弟，让他们知道这道菜的沿革。"

这鸡片"冲"或"摊"出来之后，要将其烩成菜。一般加冬笋片，有时还加点丝瓜皮，没有丝瓜皮的时候可以加点菜心。为了使颜色好看一些，有的还加点火腿或鲜菌片，增加点鲜味。"以前还有人加两三片番茄，这个我不建议。因为在一起烩的时候，番茄会影响鸡片的颜色和味道。"师父补充说道。加好辅料之后，放入鸡片与汤稍微烩一下，起锅前适当加些盐，勾点二流芡，摆好盘之后，再淋点鸡油。鸡油黄亮，鸡片雪白，火腿嫩红，菜心翠绿……几种颜色加在一起，成菜之后非常漂亮。这个菜特别适合老年人、小孩吃，是川菜中比较有特色的咸鲜味。

这时，胡先生又接着说："记得20世纪80年代中期，我们在成都各大专院校搞技术培训，一次在当时的四川医学院外专食堂吃饭，他们做的菜中就有一道是芙蓉鸡片。那个芙蓉鸡片，既不是'冲'的，也不是'摊'的，而是'蒸'的。"具体做法是：方盘里抹点油，把调好的鸡浆倒进去，荡平，荡成薄薄的一层，入蒸笼蒸一下，待成片后提起来，改刀。这种方法既保住了半成品的美观颜色，又省时间。不过缺点是厚度难掌握，以及始终是改刀而成的，显得没那么自然。如果把这个问题解决了，三种方法中，胡廉泉先生倒是更倾向于蒸的方法。

"芙蓉"入馔名的菜肴

"芙蓉"入馔名，始见于元代著名养生食书忽思慧的《饮膳正要》中之"芙蓉鸡"。其后，明代宋诩的《宋氏养生部》中有"芙蓉蟹"，清代袁枚的《随园食单》中有"芙蓉豆腐""芙蓉肉"。川菜中较早见于清宣统年间《成都通览》所记的"芙蓉燕窝""芙蓉豆腐""芙蓉糕""芙蓉饺"。我曾在《中国烹饪》1996年第5期上看到一篇《芙蓉何以入菜名》的小文，作者撰文定论中华烹饪中的"芙蓉菜"，其"芙蓉"皆为水芙蓉（即荷花）。就这一论点，我认为有偏颇之处，至少川菜中的"芙蓉菜式"并非如此。作者可能并未完全了解成都以及川菜的历史吧。

五代十国广政年间，后蜀主孟昶的王妃花蕊夫人酷爱花草，尤喜好牡丹、芙蓉。于是孟昶命人于城墙上遍种芙蓉。此后每到秋季，四十里城墙芙蓉竞开，红白相间花团锦簇，呈现出"二十四城芙蓉花，锦官自昔称繁华"之壮美盛景。成都自此有了"芙蓉城"之美名。而川菜中的芙蓉菜式，可以十分肯定的是借"芙蓉城"内的芙蓉花之色与形，或色形皆取来体现川菜菜肴的特色和品味。像芙蓉燕窝，出于清中晚期，以脑花、蛋清、鸽蛋、清汤辅燕窝，形色皆似白芙蓉；芙蓉豆腐汤，亦始于清嘉庆年间，《锦城竹枝词》曾诗赞"芙蓉豆腐是名汤"；再有，芙蓉蛤仁这道汤菜，则是把鸡蛋制成芙蓉蛋，注重形色素雅、细嫩清鲜；芙蓉银鱼，也是取鸡蛋清制成白色芙蓉花瓣状，置于汤面。

翻开各地出版的菜谱，随处可见以"芙蓉"命名的菜肴，像天津芙蓉蟹黄，青海芙蓉圆子，甘肃芙蓉扒乳鸽，浙江芙蓉豆腐、芙蓉肉，湖南芙蓉鲫鱼，福建秋水芙蓉、八宝芙蓉鲟以及清真菜中的一品芙蓉虾等。其中，最具

代表性的一款芙蓉菜便是芙蓉鸡片了。前文我也提到过，此菜是用调好的鸡浆制成，装盘摆成芙蓉花形，形色典雅、素洁清鲜、十分美观。民国散文家梁实秋《雅舍谈吃》中有一篇《芙蓉鸡片》，文中说：芙蓉鸡片是京城八大楼之首东兴楼的拿手菜之一。所以，从这一点来看，这芙蓉鸡片的来源，跟孔道生师傅所说的"北洋餐馆洞青云"做的芙蓉鸡片还有点不谋而合，就连师父他老人家也曾说过："芙蓉鸡片这个菜实际上是中国名菜系都爱做的一道菜。"

这芙蓉菜肴虽以芙蓉鸡片为翘楚，但其他的芙蓉肉片、芙蓉牛柳、芙蓉鸭掌、芙蓉鲫鱼、芙蓉青元、芙蓉豆腐、芙蓉牛脊髓等也不甘示弱，就连点心、小吃行列的"芙蓉系"也来报到了：鱼翅芙蓉包、海参玉芙蓉、芙蓉糕、芙蓉饺、芙蓉麻花、芙蓉蛋糕、芙蓉玉米馍、芙蓉饼、酥芙蓉等纷纷登上舞台一显身手，使得川菜的芙蓉菜肴变得最为丰盛。

如此的竞争环境，也使这些芙蓉菜肴独具川菜的地方特色，它们不仅形美色雅、品相不凡、独具风味，而且还充分展现了芙蓉花艳而不俗的意韵，常为筵席上的食客带来意想不到的美好享受。1958年，川菜大师曾国华奉命去汉口为毛泽东及其他中央领导主厨，他烹制的芙蓉鸡片受到毛泽东赞扬。原来早在1945年，毛泽东在重庆参加国共两党和谈时，就爱上了芙蓉鸡片、麻婆豆腐、宫保鸡丁、鱼香肉丝、回锅肉等传统川菜。

1987年9月28日，"老报人"张西洛同友人一起到成都找车辐吃饭。车辐带他们去了"大同味"，主厨的是原新南门外锦江之滨竟成园的易正元老师傅。当天，他们直接叫了易正元的拿手好菜：芙蓉鸡片、红油麻酱鸡丝、三大菌大转弯、大蒜鲢鱼等……众人均对这席大菜赞不绝口。尤其是芙蓉鸡片，不仅得到了北京来客的赞美，还被认为保持了川味中芙蓉鸡片的特点。

芙蓉鸡片的辨别

古人评价一道菜，只说好吃不好吃，直到民国时期的国学大师章太炎把"味道"一词用在食物上。说一道菜正宗、地道，往往是对厨师厨艺的最高评价。人的舌头上约有一万个味蕾，可感知甜、酸、苦、咸四种味道，而其他味觉则是这四种味觉不同比例的组合。舌头对味觉的区分与记忆，有着令人惊叹的准确性。

我问师父，现在市面上也有做芙蓉鸡片的，怎么去辨别它们的好与不好呢？他说："一道芙蓉鸡片端上来一看，如果鸡片不白，首先视觉上就不过关。搭筷子一尝，如果吃不出鸡肉的纤维，只是感觉嫩，那就是只用了蛋清，可能连鸡肉都未用。现在很多的年轻厨师，不管是做鸡豆花还是做芙蓉鸡片，往往都是以蛋清为主，为什么？保险。举个例子，他们做的鸡豆花，是先拿纱布把它滤了之后蒸出来，当然蒸的时候肯定兑的是蛋白。既然是鸡豆花，再嫩的鸡豆花都应该吃出鸡肉的纤维感，不然怎么叫鸡豆花呢？还不如直接叫蛋豆花。做芙蓉鸡片也是这样，你说都吃不出鸡肉的纤维感了，就像考试的时候写作文一样，你完全写跑题了，当然只有得零分。

"如果吃出味精的味道来，同样不过关。过去川菜传统的厨师做菜的时

候都是不屑于用味精的。他们更注重食物的本味，并懂得用汤突出一个鲜字。但现在的年轻厨师不管做什么菜，为了图方便都是直接放味精增鲜。因为他们不善于用汤，所以这些厨师在行业中往往被称为'味精厨师'。高明的厨师在汤的做法以及汤炉的布局、位子上都很讲究，汤往往由站头炉的当家厨师专管，其他人不得动用。过去荣乐园在这方面的规矩是很严的，厨房汤炉设有固定位置，由专职师傅看管，十分讲究，而且老师傅的头汤你绝对动不得。

　　"这鸡片吃起来要又滑又嫩。做菜跟做人同为一理，故有'先做人，后做菜'之说。所以说，做菜的过程中掺不得一点假，必须认认真真按步骤一步一步完成，急不得，更马虎不得。你捶鸡茸的时候，有没有捶到位；你加蛋清的分量拿捏得准不准；你摊（或冲）鸡片的时候火候掌握得好不好……等等，都能从鸡片的滑嫩程度上吃出来。"

在当今餐饮百花齐放的环境里，很多所谓的创新往往成了一些欠缺基本功的厨师用来藏拙的借口。餐饮总是处在不断变化与发展之中，饮食也由粗到精，由天然到人工，再到现在的返璞归真，但川菜的本不能丢。以前祖师爷蓝光鉴对袁枚的《随园食单》很有研究，他老人家研究《随园食单》的目的，一是为了荣乐园的经营，二是为了"川味正宗"这四个字。师父也是一再强调"创新之余，先要固本"。正如著名艺术家梅兰芳所说的"移步不换形"，京戏要像京戏，川菜要有川味，总之万变不离其宗。

牛头方——方寸之间见功夫

在川菜众多的名馔美食中，有一款牛肉菜肴深得人们喜爱，这就是被各大饭店推崇、众多美食家和媒体推荐的"松云泽"镇店大菜——红烧牛头方。

作为一味几近失传的古老菜色，红烧牛头方被人们称之为是对鲜香的极致表达，这样的味道深深刻印在每一位品尝过它的人记忆深处。当然，我也不例外。

把普通的食材极致化

"牛头方"是四川地区独有的特色传统名菜，有直接称"牛头方"的，也有做成"红烧牛头方"口味的。以前成都的"颐之时"，今天重庆的"老四川"（老四川大酒楼创办于20世纪30年代初，目前是重庆市仅有的两家由国家命名为"中华老字号"的餐饮企业之一）烹制此菜均有独到之处。据师父讲，现在"老四川"仍然保留有传统的"烧牛头方"这道菜。

1941年，"川菜圣手"罗国荣大师从重庆丁府（当时的四川金融大亨丁次鹤）离开，回成都创立了"颐之时"。本来，罗国荣擅长以海产品为原料烹制川菜，如鱼翅、海参等，但颐之时创立之初，正是抗战期间，海产品奇缺。于是，罗国荣就地取材，推出了一系列名菜，如"清蒸脚鱼""一品酥方""家常臊子面"等，这当中就有"烧牛头方"。罗国荣大师的"烧牛头方"为咸鲜味型，以烧制之法成菜，独具特色。成菜色泽金黄发亮，牛头皮炟糯适口，味道浓鲜醇厚，汤汁稠酽。一经亮相，便深受当时的文化名人追捧。

当时成都文化界的名流如张大千、林山腴、向仙桥、肖心远、盛光伟、杨啸谷、白仲坚、向传义、陶益延、钟体乾等人，都是颐之时的常客。罗国荣对文化人特别尊敬，每当他们来颐之时，都要亲自下厨，一展身手。

美食家石光华先生就曾说过："川菜向来不以食材取胜，什么燕鲍翅呀，那些都不能算川菜的特色。川菜的特色是，能够把普通的食材极致化。"是的，就我所了解的这些川菜大师而言，他们常常善于思考，并把普通的食材极致化，像开水白菜、豆渣鸭脯、炸扳指等，这几道菜的出发点都是这样的。而正因为老一辈的川菜大师善于发挥他们的聪明才干，利用他们所学才创造出层出不穷的特色川菜。

"近几十年，很多川菜厨师是没有资格谈川菜的。他们有些甚至连一些筵席菜都没见过、没做过。"正如师父所说，真正的川菜是有二十几种味型的。其中，只有七种味型是辣的，剩下大多都是不辣的。

但如今，不少年轻的川菜厨师，甚至连基本的二十几种味型都无法完全掌握，就敢以擅长川菜烹饪自诩，这与他们缺乏"工匠精神"是有关的。早些年的拜师学厨是把川菜当作自己为之奋斗一生的事业，而现在的很多年轻人，只是把它当作养家糊口的工具。曾经，川菜界有种规矩，谓"学徒三年""帮师三年"，熬过这几年，才称得上正儿八经的川菜厨师。而现在，一个培训班里待几个月，或者学会一两道拿手菜，就敢自立门户开店挣钱了。

为此，师父叹息："快速的市场节奏，让本该踏踏实实待在后厨的川菜厨师多了一些浮躁，少了精益求精的态度。过去学徒学切肉，至少要切几千斤肉、用坏好几把刀，现在不过区区数月就能出师。"

今天，与其说我们是在这里探讨川菜的真相，不如

说是在追溯川菜的灵魂与正味。因为只有深知川菜的灵魂和正味之后，我们才能够真正认识、理解、懂得川菜。

镇店大菜、开席头菜——牛头方

早前有很多业内人士认为，川菜更拿手于牛肉菜肴的制作，而且很多牛肉菜已成为川菜的标志，如夫妻肺片、陈皮牛肉、毛肚火锅、家常烧牛筋、家常牛鞭花、红枣煨牛尾、灯影牛肉、虾须牛肉、毛牛肉、清炖牛肉、清炖牛冲、清炖牛尾、水煮牛肉、干煸牛肉丝、小笼蒸牛肉，以及我们这里着重要讲的牛头方。在他们看来"牛肉菜成就了川菜，川菜发扬了牛肉菜"，从川菜数百年的发展历史来看，此话似乎还是有些道理的。

川菜大师陈松如先生就曾说过，"牛头方"这道菜，是随四川饭店落户北京的，从菜的意义上来讲，北京四川饭店因它而名声大噪。此菜在川菜中有着悠久历史，早已名扬天下，而四川饭店刚刚组建之时就能得其美味，可说是饭店的一种荣幸。

据陈松如先生回忆：1959年中央领导参加饭店的庆典宴会，就是由此菜作为压席大菜上席的。可以说，那次是牛头方在四川饭店的第一次露面，也正是因为此菜的绝妙口感、绝佳口味使其一经推出，就给人留下了难忘的印象。宴会上，嘉宾对牛头方、家常臊子海参等名菜可以说是品头论足，各抒己见，无不对牛头方产生浓厚的兴趣。后来，还一致提议要把此菜作为饭店的看家菜。因为和家常臊子海参相比，牛头本是很平常很普通的食材，但经过四川厨师的精心烹制，却成为一款能登大雅之堂的四川名菜。

牛头方在北京四川饭店的成功制作，给饭店赢得了不可多得的好声誉，甚至有人是这样夸牛头方的——"饭店因它而美名，川菜因它而正宗"。当年，周恩来、朱德、邓小平、刘伯承、陈毅、贺龙等领导人只要一来四川饭店，牛头方总是必不可少的。当时的社会名流、专家学者纷纷以品味牛头方等名菜为一大快事。

据北京四川饭店的老服务员讲，当年许多外国领导人来华访问的答谢宴会都是在四川饭店举办的。并且，每次宴会的大菜牛头方都赫然在列。

最考手艺的一道菜

说了那么多，方归正传，我们还是来说说牛头方的复杂制作过程。

"最早的川菜菜谱里就有这道菜，当时很多菜谱上都说的是要选水牛的牛头。可能是因为水牛的块头要大些，肉头要好点。"说起关于牛头方到底是用水牛还是黄牛，师父他老人家是这样看的，"资料上虽然说的是用水牛的牛头，但实际操作过程中，黄牛的牛头做出来味道也很好。所以，在这一点上还是不能太受局限，关键要看的是厨师的手艺嘛！"

选好料，要先把牛头上的毛去掉。这里所说的去毛，是一定要"一毛不留"的。此时的牛头还不能直接煮制，厨师需再仔细检查牛头表皮所有的细毛是否都被去净。哪怕只有一根存留在菜中，试想，谁敢再来食用呢？

然后，执刀的厨师不偏不倚劈开牛头，牛头体积庞大，难有锅可以整煮，应将其一劈为二，取出牛脑和口条，最好是不偏不倚，正中间为宜。

下水煮至可脱骨而非离骨时，把牛头取出放凉（不烫手为度），把牛头顶上的皮剥下来，码放盘中凉透。这个时候，牛头表面的那层皮质地是极老的，根本无法食用，要用刀将其一点一点地削去，直至露出细嫩的皮肉。实际上，相当于是用刀给牛顶上的这块肉头去了一层皮。"这个时候就要考手艺了！必须小心翼翼地边片边削，刀口不宜过深，也不宜过浅。过深原料有损失，过浅则粗皮去之不净，在吃的时候就会垫牙。"师父早年在荣乐园的时候曾经亲自操刀做过这道菜。

接下来，就需要把牛头皮切成宽三厘米，长五厘米的长条形块状了。为什么牛头方不是切成正方形而要切成长条形呢？师父说："那是因为长条形跟方形相比，更容易定碗装盘。"

切好之后的牛头皮须用纱布包起。把牛头皮和较宽量的清水一同放锅中烧开，稍煮捞出，再用清水反复漂洗干净。其作用是，尽可能地把牛头皮的异味除净。

我们知道，牛头皮本身是没有什么鲜香味的，而成菜以后牛头方却很是鲜香。那么，这种口味是从何而来呢？这里，除了加入葱、姜、蒜、盐、花

椒之外，还要用鸡腿、鸭腿、火腿、老肉或肘子、干贝等辅料增鲜。为了使牛头方成菜以后的口味更加纯正，辅料也是要除异味的，将其适当切大块和清水同放锅中烧至滚开，捞出，再用清水反复漂洗干净。

这个时候，牛头皮虽经开水煮制，但质地仍是极老的。要想成为菜肴，达到柔软细嫩的口感，仍需要五六个小时来烧制。在盛锅的时候，一定要层次分明，不能杂乱无章。底层放辅料，牛头皮放中间，上面再盖上一层辅料，这样方可使牛头皮口味更加均匀。

现在，到了炒味汁的时候。这可以说是牛头方成菜的一个关键程序，更是菜肴制作者烹饪技艺的集中体现，因为这个程序的质量直接影响牛头方的口味和颜色。

锅中放入适量烹调油，郫县豆瓣酱下锅煸炒出香味，烹入黄酒三杯、鸡汤两杯烧开，煮透，再用小漏勺把豆瓣渣子捞净，这时味汁就算炒好了。把味汁倒入牛头锅中烧开，打净浮沫，放入葱、姜、蒜、盐烧开。如果觉得颜色不达标，还可适量放些糖色。盖严，移至小火慢烧。"有些厨师，在做这道菜的时候，还放入适量的陈皮、八角、桂皮等香料。"师父说道。

待牛头皮煮到能用筷子插动，没有硬心，完全柔软就可以了。但也要注意不要过火，过火口感就会黏黏糊糊的，因为胶原蛋白是很容易煳化的。

"这个时候，就可以把牛头皮全部挑拣出来放在一个大盘中，进行摆盘。主料虽然是牛头方，但是配料可以随意，尤以时令鲜蔬为首选，可用芦笋，也可用瓢儿白。只要颜色岔开，有锦上添花的作用就可以了。"

在摆盘的同时，将原汤汁收敛，待汁呈红亮之色时浇（也可以搭点香油）在软糯的牛头皮上，一道让食客们味蕾慢下来的川菜精华便做成了。

没有金刚钻，别揽瓷器活

普通的牛头皮（常被归为下脚料）成菜以后，为什么会如此被人们所推崇呢？

那是因为，它的原料本身就出奇。在中国烹饪中，以牛头为主体原料制菜在他方菜系是根本没有的，可以说仅为川菜所独有，一菜一格当之无愧。再加上烹制上的绝技，使得牛头方成为一道有难得的颜色、少有的口感以及诱人口味的工艺菜，厨师需特别花时间和心思。

难得的颜色，在这里特指成菜以后的牛头皮本身所显示的红且又近乎透明发亮的独有色泽，而这种颜色为牛头皮所固有，人为是不可能调制出来的；而少有的口感，是指牛头皮内含丰富胶原蛋白，在火候的作用下成菜后有柔软细嫩、爬而不烂的劲道；至于那诱人的口味，当然是指牛头皮在其他原料和调味品的共同"辅佐"下，再加上适宜的火候形成了咸中浸香、香中透鲜、鲜中微辣（也可以无辣）的独到味道。

熟悉川菜的人都知道，无论是从程序上来讲，还是就所用时间来看，牛头方都是其他菜肴不能相比的。提起这道菜，作为松云泽的掌门人，师兄张元富的体会是：此菜执刀、操勺的厨师只有店中高手才可以担纲，只要大师们在场，其他厨师是挨不上边儿的。因为此菜的制作程序甚为复杂，且每一道程序之间都是有因果关联的，一招一式都考验着厨师绝佳的技术。

现在成都的金牛宾馆、锦江宾馆都还在做这道菜。不过，是作为一般的烧菜来做的，并没有作为传统名菜来做。松云泽恢复牛头方的传统做法之后，石光华、蔡澜等美食家相继前去品尝过。一时之间，成都的媒体争相报道，引起了很大的关注。

不过，元富师兄却说："我也还在摸索，还没有说做到精妙绝伦，因为这道菜确实考手艺。"就连川菜大师陈松如都曾语重心长地叮嘱徒弟："我们作为厨师，对于牛头方这样的名菜，要从心底里爱护它得来不易的好声誉。你可以不做它，但是你没有权利不把它做好。如果你不能做到这一点，那么，如此好口碑的名菜，你还是不做为好！"

正所谓"没有金刚钻，别揽瓷器活"，要是没几刷子真功夫，就想做牛头方，那可是要贻笑大方的。

"水煮"不只牛肉——食材与技艺的绝妙碰撞

水煮娃娃鱼，早在吃之前就听师父跟我说过。说以前得这一食材时，师傅们想尽了办法，各种烹饪方法也一一试过，均没有达到理想的效果。经过无数次的碰撞，娃娃鱼这种食材终于在"水煮"这里找到了归处。

闲谈自贡水煮牛肉

有人说，四川有一些菜都是"骗人的"，比如，蚂蚁上树里面没有蚂蚁，鱼香肉丝里面没有鱼。除此之外，还有让外地朋友又爱又恨的水煮系列，听起来觉得应该是白水煮的菜，应该很清淡，吃了才晓得原来是又麻又辣。

而要说"水煮"之法，肯定得先从"水煮牛肉"这道菜说起。水煮牛肉是一道地方名菜，起源于四川自贡，属于川菜中著名的家常菜。水煮简言之就是：豆瓣酱汤煮肉再浇热油。

关于水煮牛肉的历史流传的版本，想必好多人都听说过：相传从前，在四川自流井、贡井一带，人们在盐井上安装辘轳，以牛为动力提取卤水。一头壮牛服役多者半年，少者三月，就已筋疲力尽，故时有役牛淘汰，而当地用盐又极为方便，于是盐工们将牛宰杀，取肉切块，放在盐水中加花椒、辣椒煮熟，取出手撕而食之，既可佐酒、下饭，又可在冷天抵御严寒。因此得以广泛流传，成为民间一道传统的草根菜品。后来，菜馆厨师又对"水煮牛肉"的用料和制法进行改良，使之成为了流传各地的名菜。此菜中的牛肉片，不是用油炒的，而是在辣味汤中烫熟的，故名"水煮牛肉"。

胡廉泉先生在20世纪七八十年代，为印证成都水煮牛肉与自贡水煮牛肉

的区别，曾亲自去求证过。据胡先生说，1978年他参加全国推广"优选法"的小分队，正好被派到自贡。于是他就利用自贡饮食公司请他在自贡饭店吃饭的机会，向在座的当地老师傅请教有关水煮牛肉的一些问题，并提出想看一看他们做的水煮牛肉。主人满足了胡先生的要求。不一会儿，服务员端了一份水煮牛肉上桌，胡先生一看的确跟成都的做法有很大的不同：盛菜的容器是条盘，而不是凹盘或荷叶边大碗；打底子的是用白汤煮熟的白菜帮帮，牛肉用豆瓣和芡一起码好、拌匀，放入汤里汆熟，再打起盖到白菜帮面上就上桌了。他当时脑中闪过1973年到重庆开会，参观重庆餐饮业技术练兵时，也有水煮牛肉这道菜，重庆的做法与成都做法差不多。看着面前的自贡水煮牛肉，一时疑惑不解。他在想，既然这道菜是自贡名菜，那是不是代表面前这盘水煮牛肉才是传统做法呢？而成都的水煮牛肉（包括重庆的）是不是都改变了传统的做法呢？

更"喜剧"的是，当时自贡方面陪同胡先生工作的一位干部，几年后来成都，去省公司办事，这时，他已升为公司的经理了。省公司请他到荣乐园吃午饭，同时也请胡先生上桌作陪。胡先生特别安排了一道水煮牛肉。当水煮牛肉端上桌子时，胡先生问这位经理："经理，你们自贡的水煮牛肉是不是这样做的？"经理可能已记不清当年胡先生到自贡吃水煮牛肉的事，于是说："我们自贡水煮牛肉跟你们这个一样的，一样的。"胡先生想，既然是自贡的名菜，怎么今天又跟成都的一样了呢？上次去自贡吃的时候，明明不一样嘛！

胡先生再度陷入疑惑。他想起上次去吃的自贡水煮牛肉，它既不香，味也淡，只是嫩牛肉片有点辣椒味道，感觉做法上很粗糙。而一直让他纠结的是，这自贡的水煮牛肉是不是就是传说中的模样？思来想去，最后决定放弃追索。既然人家都说是一样的了，就说明自贡的水煮牛肉已经向成都看齐了。而事实上，从一位食者的角度来说，的确成都的水煮牛肉更好吃，更香。

如何做一道成功的水煮牛肉

闲龙门阵摆了那么多，我们还是来摆摆成都水煮牛肉的具体烹饪方法吧！现在的水煮牛肉已经不是简单的清水加花椒、辣椒了。其具体烹饪过程，简单来说：将牛肉切成一寸五分长、八分宽、一分厚的薄片，盛在碗里，加精盐、酱油、水豆粉拌匀（水豆粉的量需比平时做炒肉片时多加一倍）。再把蒜苗、芹菜切成七八厘米长的段，莴笋尖切片备用。主料、辅料都准备好了之后，把锅收拾干净，倒入少许油，下干辣椒、花椒，入锅小火翻炒（用四川话来说，就是炕一下），待辣椒颜色变成棕褐色，质地发脆后，迅速出锅摊开放凉。凉透后的花椒和辣椒变得又香又脆，此时就可以将它们倒在砧板上，用刀口慢慢剁成碎末。所谓的"刀口辣椒"便是这样操作，而不是碓窝舂的。

油锅中再次放入少量油，先将蒜苗、芹菜、莴笋尖煸炒，煸炒至稍微熟之后，加入少量盐，起锅入凹盘垫底。为什么不将配菜入汤里煮一下呢？因为，这个菜它属于又辣又麻厚味菜，如果把配菜入汤煮，不仅味重，煮后还会变软，失去香脆的口感。而且，肉烫好之后，再把牛肉片放配菜上面，一焖莴笋尖就更没有清香味了，所以说只能煸炒一下。

锅里入油，放剁细的郫县豆瓣，炒得吐红油的时候，加汤、酱油、盐烧开，将牛肉片下锅，烫至肉片伸展，这个时候从牛肉片上脱下来的豆粉就会入汤汁里，待汤汁收浓稠时，快速起锅，将牛肉片盖在配菜上面，而多余的汤汁便顺着蔬菜的空隙流入凹盘底，在流的过程中汤汁也把配菜烫了一遍，因此水煮肉片里的配菜也很有味道。

牛肉片上面放入刀口辣椒和花椒，将锅收拾干净，舀一两多油烧到七八成热，直接淋上去。当煳辣香四处飘溢的时候，你就知道这个菜成功了。

此菜的特色是：色深味厚，香味浓烈，肉片鲜嫩，突出了川菜麻、辣、烫的风味。师父说，在做水煮牛肉的时候，一定要注意：切牛肉片的时候，不能切太薄，太薄一烫熟就咬不动了。

汤汁绝对不能淹到牛肉片。如果汤汁多了，也不能一下倒进去。现在好

多餐馆水煮牛肉的问题就是在汤多这上面，这汤多并不会对水煮牛肉起到任何增加美味的作用，反而会使此菜失去煳辣香。为什么呢？因为，热油要使刀口辣椒产生煳辣香的前提是，必须让刀口辣椒淋油前处于干燥之地。汤汁一旦多了，油一淋便会产生重力，使刀口辣椒被淹得更深，汤汁一泡，怎么还能产生出煳辣香味呢。而要做正宗的水煮牛肉是离不开刀口辣椒的。因为，没有刀口辣椒的四川水煮菜，就如同缺少了灵魂。

让师父痛心的是，"现在好多年轻厨师，为了省事都不用刀口辣椒了，而是直接使用干辣椒面。而且垫底的配菜也是五花八门，有些厨师的水煮牛肉，牛肉还过油。这就不叫水煮，是油滑牛肉了。"在师父看来，这些现象都是属于厨师自身的问题。也许是厨师在学艺的时候，并没有完全学到位；也许是厨师在做菜的过程中，为了图省事而不严格要求自己……

这道菜师父在美国荣乐园也做，且还是同样的做法，突出其麻、辣、烫的风味。"那个时候，我们的菜单上一般对于一道菜的辣味程度，都会在菜名旁边用星星的数量来标明，当时水煮牛肉这道菜旁边是标注了三颗星星的，三颗星就是'特辣'。但越是辣的，他们越爱尝试。"

"有一次，一位食客点了一份水煮牛肉，要求麻辣要放够，说是不辣不给钱，逼得我把刀口辣椒弄了很多。这就说明，一些食客就是抱着吃麻吃辣的心态来的，你如果没有让他辣舒服，麻安逸，他就会失望。"师父继续说道。

对美味追求的无止境

那么，从"水煮牛肉"这道四川家常味名菜而衍生出来的菜，除了水煮肉片之外，还有什么呢？这就多了，比如水煮腰片、水煮鸡片、水煮鱼片等等。当然，松云泽创新的水煮娃娃鱼则是对水煮牛肉的升华。

其中，水煮腰片很受欢迎。做的时候，与水煮牛肉稍微有些不同。这水煮腰片，一定要大张腰片，为了使其鲜嫩，甚至于根本就不用下锅水煮，直接将腰片烫一下就好了。这就需要我们的师傅，根据原材料来灵活掌握，但其根本还是离不开"水煮牛肉"的风味。现在的厨师，在处理腰片的时候，还将片好了的腰片入冰水里激它一下，然后再焯出来，口感会更脆嫩。

接下来，我们说说"水煮娃娃鱼"。娃娃鱼因为叫声很像婴儿的啼哭声，所以得名，其营养物质丰富，肉质细嫩。师父说："早在20世纪70年代，荣乐园就引进过娃娃鱼这一食材。那个时候厨师们研究了很多种方法，清炖、红烧什么的都试过。但无论怎么做，都没有找到适合娃娃鱼这一食材本身属性的方法。"后来，野生娃娃鱼被列为国家二级保护动物，这件事也就不了了之。

直到师父和元富师兄组建了"松云泽"，加之现在也有了专供食用的养殖娃娃鱼。于是经过了这么多年，师父和元富师兄他们在松云泽又开始研究起娃娃鱼来了。

师父说："拿来水煮也是一次偶然。"那天，正好后厨在做水煮牛肉，本来是准备三份的配料，谁知有食客因为身体原因临时换菜，而当时师傅们正巧在研究娃娃鱼的做法。于是，为了不浪费配料，师傅们就试着把娃娃鱼切成很薄的片，用水煮的方法弄了一份水煮娃娃鱼出来，没想到这种方法居然跟娃娃鱼很合拍。其他师傅们闻之，纷纷前来试菜，最后大家一致认定，水煮是娃娃鱼的最好做法，是技艺与食材的绝妙碰撞。

著名文学家、美食家李劼人先生曾经对烹饪有一个比较中肯的提法：烹饪艺术。此与美学家王朝闻和洪毅然的说法不谋而合，他们说："种种好看不好吃——甚至，只供看，不能吃的某些流行'名菜'，其实并非真正'烹

饪艺术'的方向！因为'烹饪艺术'属于'实用艺术'，且是味觉艺术而非视觉艺术，实用（吃）是基本要求。比如，若所谓'现代书法'根本不去写字，还算'书法艺术'吗？"

所以，烹饪作为一门艺术，凡只好看不好吃者，并非这门"实用艺术"之正道，只是某种只图好看以骗取惊赞的取巧行为而已；而只好吃不好看者，也不为所取，因为它的外型注定了它不能为所有欣赏它的食客敞开大门。

烹饪之所以可以成为艺术，不仅是因为它的色香味俱全，还在于我们可以为它背后的故事、文化或精神所感动。就正如这道"水煮娃娃鱼"一样，师父及元富师兄对于烹饪技法不懈努力，不就是为了让食材达到最佳美味之效果吗？而正因为有这帮坚守"川味正宗"的川菜厨师们对美味追求无止境的精神，才有了今天我们饭桌上的这些正宗四川美味佳肴！

家常不平常

师父教我吃川菜

HOW TO TASTE SICHUAN CUISINE:
LEARNING FROM MASTER

烧椒皮蛋——妈妈的味道

在川菜发展历程中，许多菜品起源于民间，并拥有着属于自己的独特个性。烧椒皮蛋作为川菜烧椒味型中的典型代表，其食材选择与制作都体现着无穷智慧。烧椒用火烧制而成，皮蛋用火烧尽后的草木灰与泥土包制而成，它们相辅相成又共同成就。而随之衍生出来的相关菜品更是不尽其数。儿时的记忆，城市的变迁，完美体现于这菜的制作与味道中。

具有柴火气息的老成都

在餐馆餐桌上，时常会见到烧椒皮蛋，切成月牙形的皮蛋像花瓣儿一样铺在圆形或方形盘子里，中间搁着调好的烧椒，再加点红色小米辣或鲜花作为点缀，好看而让人有食欲。师父说，这也是一道家常菜。

20世纪60年代以前，整个成都市区的面积还不如现在市区的十分之一，但或许却比现在更具生活气息。所谓的炊烟袅袅，并不只在乡村才有，曾经的成都依然充满着人间烟火，这并不是以前的人们更懂得生活，而是当年做饭只能烧柴火。

以前的成都有专门卖柴火的地方，住在市区的每户人家都有一个独立的炉灶，有大有小，有固定的，也有半固定的，半固定的就是人们所说的行灶。

行灶是可以移动的灶，由外架、火塘子、火柴灶门等构成。整个炉灶最外面为木头，内部空间敷着泥巴或砌砖，最上面放锅，几个木制的脚支撑着灶的体重。这个炉灶之所以被称之为"行灶"，是因为它可移动，且应用广泛。

曾经的老成都，以烧木材为主。木材都很经烧，纵使没有明火，成为桴

渣儿（四川方言，小而碎的桴炭）其温度也可持续很久。为了充分利用这一能源，人们常在灶炉旁摆放一个可密封的陶罐，当桴渣儿还没有烧尽时就将它夹进陶罐里盖好。由于陶罐里氧气不足，桴渣儿会很快熄灭，并保留其中可燃材质。这样的桴渣儿再点燃时没有明火，也不具浓烟，不仅可以用来烧烤食物，也可在冬天用以取暖，可谓物尽其用。

1958年开始，成都柴火市场迎来了质的转变，蜂窝煤的出现给整个市场带来一定的冲击。由于煤具有燃烧时间长、方便快捷等优势，所以逐渐广泛使用。随着老城区的不断拆迁与重修，那些炊烟袅袅、诗情画意的景象，逐渐消失在历史的天空上。而烧椒皮蛋的制作方式，也随之有了许多改变。

选料与刀工讲究

师父告诉我，作为一名品鉴者，在吃烧椒皮蛋这道菜时，判断其是否地道的方式就是看辣椒是否肉厚、辣味足，香味是否有柴火气息而不带煤气味，皮蛋切得是否干净利落。

烧椒皮蛋所使用的辣椒以二荆条为主，每年初夏到立秋之前的辣椒为最佳。春天的辣椒皮太薄肉太嫩，辣味不够、回味带甜，不适合做烧椒，更适合用来炒鸡丝或肉丝等。春天的辣椒因其稀少，价格昂贵，厨师每次采购多以"根"为单位，也因为是季节性蔬菜，人们习惯叫"尝新"。初夏时节，成都平原的气温开始猛升，辣椒的生长速度也大大加快，辣味也逐渐增加起来，不仅肉厚，辣味够，皮子也很好，就很适合用来做烧椒，可一直持续食用到立秋时节。立秋以后，气温开始降低，植物生长速度减缓，这时候的辣椒，肉少皮厚籽多，颜色变深，适合做辣椒油。

"既然我们说到了行灶，那辣椒与火候、皮蛋与刀工等，都有一定讲究！"师父说，行灶里面的明火与暗火，给予我们制作美食的无限可能，食材的选料与制作，是这道菜的关键所在。

1958年以前，成都人做烧椒，基本都在桴渣儿里烧制。1958年以后，随着烽窝煤的逐渐使用，人们在烧辣椒时，方法与注意事项就有了些许改变。以前人们用松柴等桴渣儿烧辣椒，主要靠余热；用青枫柴的炭火来烧，火力就比较大，速度也相对较快；现在的人们烧辣椒就只能在煤气炉上烧制，将辣椒直接丢在炉火上面，用筷子随时翻拨以防止被烧煳甚至烧焦。

皮蛋这食材，就没有太多讲究。四川长年种植水稻，人们用稻草灰和着黄泥巴来包制皮蛋。许多家庭每年都会在相应的季节，尤其是端午节前囤上一些皮蛋，不仅可以送礼，饿了或者疲乏时也可以剥一个来食用，或者做成烧椒皮蛋。

师父说："过去的皮蛋打开后颜色不一，有黑的、白的，也有黄的、红的，只要凝固得好，都可以用来做烧椒皮蛋。"若皮蛋质量很好，刀工也很不错，那就堪称完美，若你买的皮蛋质量差了一点，而且你刀工又不行，那这道菜就会显得一无是处。尤其是需要上席桌时，刀工是否到位会直接影响到整道菜的美观度。在切皮蛋时，有些蛋的内部可能是糊状的，刀一下去就会粘刀，提起后就没了蛋芯，只剩下蛋清。所以，在选择皮蛋时，要尽量选择比较紧实的，这样切下去的时候，才不至于把蛋芯扯掉。

那这个刀工究竟要怎么掌握呢？

师父给我分享了几种曾经尝试过的方法：第一种就是用刀抹油的方法将蛋黄与刀分开，但这个方法似乎有些行不通，因为抹了油还是要沾刀；第二种是用"直"切法，用力直接切下去，不能拖顿，这样就可以避免带动蛋黄；第三种则是切下去的时候，先开一个小口，然后再用线去切，一下子就可以将蛋黄分开，形状也比较好看。第二种和第三种都有厨师在用，各具优势。而今，也有一种类似不锈钢材质的丝状撑子，先将皮蛋剥好，用撑子从皮蛋顶上一按，就全部切开，像开花一样，干净利索，大小匀称。

烧椒不止配皮蛋，皮蛋不止拌烧椒

烧椒皮蛋这道菜是怎么来的呢？胡廉泉先生的解释是：从前在农村的一些地方都有茂密的竹林，也就是所谓的"林盘"，每到嫩笋破土时，人们都会采些竹笋来食，干枯的笋壳叶子也成为一种燃料。烧火的时候，将干辣椒和笋子一起烧成食物，就是古代人称作的"煨笋"。这里的煨，其实就是用暗火一点点烧出来的。我们川菜里面，有道菜叫作烧拌春笋，就是用烧的干辣椒来进行拌制的。后来人们通过相同的方式，将新鲜的青辣椒烧制后拌入到皮蛋里面。

烧椒的吃法，一直在不断变化。其中拌皮蛋是一种吃法，直接剁细后加佐料来拌也是一道下饭菜，夹在馒头里吃味道也很不错。除去这些，还可以用来拌茄子，即把茄子蒸或者煮熟以后，撕成条状，和烧椒一起拌着吃，应用十分灵活。在受到广大食客的认可与应用以后，烧椒味也逐渐成为川菜味型之一。

而皮蛋本身，除了用传统的鸭蛋以外，现在也有人用鹌鹑蛋，这在以前是没有的。随着鹌鹑养殖成为一个产业，鹌鹑皮蛋也随之而生。

师父说:"正常来讲,用鹌鹑蛋来做烧椒皮蛋也有问题,因为它里面的蛋黄相对较小,在制作的过程中,无法用烧椒皮蛋的制作标准来衡量。当然,部分厨师也将鹌鹑皮蛋用在一些菜品的配料里面,起点缀的作用。"同时,师父也不否认,鹌鹑皮蛋用来制作烧椒皮蛋也并非不可,因为从成本上来说,鹌鹑蛋相对会便宜。同时,用鹌鹑蛋做出来的烧椒味,也有另外一种别致的风味。

其实,在我们的日常生活中,大家对皮蛋的应用也甚为广泛,比如早餐时,人们喜欢煮皮蛋瘦肉粥,加入少许的盐味,不仅美味,还很养胃;天热的时候,大家也喜欢吃皮蛋黄瓜汤,有着开胃解暑的功效。而曾经的荣乐园还制作过熘皮蛋。"这个熘皮蛋,实际上是炸熘的做法。皮蛋壳剥掉以后,切成六到八块,扑上干豆粉,放入油锅里一炸,外面就会起一层黄黄的硬壳,然后根据喜欢的味型来调味。我喜欢吃甜酸味重一点的荔枝味,先把滋汁在锅中扯好,皮蛋炸好以后,放入滋汁里,和匀起锅。如果吃糖醋味,那么糖、醋的用量就要大一些,其方法都是一样的。熘皮蛋的质地是外酥内嫩,口感很好!"

可为什么现在的餐饮店里面就没有厨师做过熘皮蛋呢?因为荣乐园作为川菜的"黄埔军校",也只有从荣乐园里面出来的师傅才知晓。因此,师父觉得很有必要在这里认真地讲出这道菜的做法,供更多的人学习。

我对这炸熘的皮蛋充满了好奇,于是询问师父在美国荣乐园时是否有制作过这道菜,师父对此有着特别大的反应:"炸熘皮蛋吗?不可能,外国食客本来看到皮蛋就怕,根本就不可能拿皮蛋来做菜。他们觉得蛋变成了皮蛋的样子,肯定是蛋坏了,怎么还可以吃呢?"

确实,皮蛋作为一种风味极强的食物,有人接受,就有人不喜欢。但从总体来说,皮蛋不仅受四川人喜欢,在许多的湘菜馆或者外省的各类土菜馆里都很受欢迎。这些菜都来自于民间和家常。

随着制作工具的改进和厨师们的不断创新,大家对整个行业技术的发展和风味的提升都有了许多不同的想法与创新,而烧椒皮蛋这道菜的衍生品,也开始变得越来越多。

我想,在不久的将来,是否会有更多的外国食客,慢慢接受这皮蛋类的食物,他们害怕的脸上是否也会露出欢喜的笑容来呢?

鱼香茄盒——粗菜细做

山珍海味固然好，但吃多了也就不再有新鲜感。而常见的普通食材就不同了，由于跟日常生活息息相关，家庭主妇和厨师们每天都在接触和操练，所以这些普通食材得以在他们手中千变万化，升华为一道道著名美食，这是不是才是真正的饮食文化呢？

粗菜细做，平中见奇

厨师这个行业有一诀窍，叫"好菜简单做，粗菜要细做"。意思是说，味美的高档材料不需要进行太复杂的烹制，要尽量保持原形、原汁、原味，一上桌就能让食客清楚这是知名的高档原料，体现宴席的高档次。例如燕菜席、海参席、鱼肚席等等。

然而，对于粗菜就必须要细做，只有使粗菜改头换面，增加内在口味，美化造型才能更加唤起人们的食欲从而提高身价。例如我后面要讲到的"蹄燕"，以及我们这里要说的这道"鱼香茄盒"。

鱼香茄盒的烹制过程，大体来说包括选料、制作两个部分。师父说，茄子作为时令蔬菜，有季节性，立秋之前的茄子具有肉多、籽少、皮嫩等特点，无论什么品种，都适合做鱼香茄盒，到了秋末最好就不要再做鱼香茄盒这道菜了。

茄子选好后，洗净去皮，然后将茄子切好。可以是横切，也可以是斜切，横切圆短，斜切圆相对较长，根据自己的喜好决定。切成圆的就是茄饼，修成方的就是茄盒。无论采用什么切法，都要两刀一断，刀进四分之三，留四分之一不切断，这样切成的片叫"火夹片"，其目的是方便将馅放进去。

茄盒的馅，是很有讲究的。首先要把干豆粉和鸡蛋一起调匀，直到能拉起线来最为合适。豆粉一定要处理好，许多豆粉从加工坊出来后，都是粉状与颗粒状的结合，如果颗粒太为明显，可用擀面杖将其压成细粉状。这样做是为了避免豆粉下锅后爆裂。在调制蛋豆粉时，需要掌握其干稀度。而后，将准备好的猪肉剁细，应该肥瘦均有，这样吃起来才会有滋润化渣的感觉。这里也不见得非要猪肉，如果想吃虾肉，也可以把虾剁成肉粒。肉颗粒剁好后，再切点葱花、姜米、蒜米。最后将调好的蛋豆粉（余下的备用）与猪肉、部分葱花、姜米一起搅拌均匀，适当加点盐进去拌匀，这馅就算是制作完成了。

接下来开始准备泡辣椒，用刀将泡辣椒里面的籽擀掉后剁茸备用。

馅制作好后，用调羹逐个舀入切好的"火夹片"里，茄盒的数量一般没有固定，以所准备的材料为度。肉馅夹完之后，开始在锅里面烧油，油量稍大。

在入锅炸之前，先将茄盒在蛋豆粉里裹一下。这一过程，很多人都选择用手操作，需要使上一些巧力。因为茄子放在蛋豆粉里提出来时，可能会有蛋浆滴下来，需要上下不停翻滚，才能避免蛋浆到处滴落，然后一片一片有序下锅，且手要放低一些，避免油溅出来烫到人。动作慢的人，可能一个已经熟透，另外一个还未下锅。这个步骤虽然简单，也需要讲究方式与方法，所谓熟能生巧便是如此，多操作几次也就熟练了。

待茄盒炸至金黄色时，便可捞出。按照师父的说法，这茄子炸好以后，是可以直接食用的，但要做鱼香茄盒，却还有一个"熘"的过程。起锅，入油，将提前准备好的泡辣椒茸、姜蒜米等下锅炒香，烹入提前备好的鱼香滋汁（由白糖、酱油、醋、葱花、水豆粉、鲜汤调制而成），待滋汁收浓，把茄子重新下锅熘两圈。所有茄子都裹满滋汁后，迅速起锅装盘，一道咸鲜微辣、略带甜酸、蒜香味浓、色泽红亮的鱼香茄盒，就可以上桌了。

讲到此处，师父还提出了几个注意事项：首先，"火夹片"要切得适中，约一厘米为最好，不能太厚也不能太薄，太厚不好包馅儿；其次，肉馅儿里除了加葱花，也可以加点马蹄粒，蛋豆粉不能裹得太厚，炸茄盒的油温不能过高；第三，茄盒炸好以后，也可以不用下锅，将做好的鱼香滋汁淋在茄盒上面，或直接装入碗中蘸着吃。

茄饼茄盒是形状的变化，如果是用藕，就是鱼香藕盒。味型定了，但菜式可以变换。《川菜烹饪事典》里记载了一道"鱼香笋盒"，做法与"鱼香茄盒"相似：先将冬笋煮至半熟之后，切成两刀一断的火连夹圆片，夹入肉馅裹上蛋糊，入锅炸至金黄色时捞出沥干油，再制鱼香味滋汁舀淋笋盒上即成。

如果不想吃鱼香味，可以在茄盒上淋上香油，蘸点椒盐就是椒盐茄盒；将葱、姜、蒜下锅炒香，再将茄子下锅转一圈，勾糖醋芡汁，就可以吃到糖醋味茄盒；当然，如果你喜欢吃甜食，也可在茄盒里加白糖馅、枣泥馅、玫瑰馅等做成甜味茄盒。

只是，在这众多的吃法里，鱼香味是最为复杂也最受欢迎的。师父说："以前还做过茄鱼，端上桌一看以为是一条脆皮鱼，结果是把茄子弄得像鱼一样，也只有四川厨师才会想到要这样子去做菜。"就连胡廉泉先生也说："那炸出来的茄鱼，真的就跟脆皮鱼一样。那个时候想吃鱼香味的就弄成鱼香脆皮茄鱼，要吃糖醋味的就弄成糖醋脆皮茄鱼。"真可谓"人生不过吃喝二字"，令人羡慕！

关于茄子的其他做法

中国最早记载茄子的典籍，是西汉末年王褒《僮约》。汉宣帝神爵三年（前59），资阳人王褒买下奴仆，并立下《僮约》："落桑皮棕，种瓜作瓠，别茄披葱"；唐代段成式《酉阳杂俎》载：茄子，"一名落苏"。段成式为山东人，这个记载说明茄子在唐朝已传到了中国的北方，并且茄子还被叫作"落苏"。

清代袁枚的《随园食单》里对于茄子的烹饪之法，也介绍有一二：吴小谷广文家，将整茄子削皮，滚水泡去苦汁，猪油炙之。炙时须待泡水干后，用甜酱水干煨，甚佳。卢八太爷家，切茄作小块，不去皮，入油灼微黄，加秋油炮炒，亦佳……这里面所提到的"卢八太爷家"的茄子做法与北方的"烧茄子"相似，而里面的"秋油"是指最好的酱油。

梁实秋在他的《雅舍谈吃》里曾专门提到过北方茄子的几种吃法，"在北方，茄子价廉，吃法亦多"。"烧茄子"是茄子切块状，入锅炸至微黄，入酱油、猪肉、蒜末急速翻炒入盘，此菜味道极美，送饭最宜；"熬茄子"是夏天常吃的，煮得相当烂，蘸醋蒜吃，不可用铁锅煮，因为容易变色。另外，茄子也可以凉拌，名为"凉水茄"。茄煮烂，捣碎，煮时加些黄豆，拌匀，烧上三合油，俟凉后加上一些芫荽（香菜）即可食，最宜暑天食，放进冰箱冷却之后更好。

川菜中关于茄子的吃法，就更多了：除了上文提到的茄饼、茄盒、茄鱼之外，还有鱼香茄子、家常茄子、酱烧茄子、红烧茄子、酱香肉末茄子、清炒茄丝、蒜蓉茄子、蘸水茄子、凉拌茄子等等。其中，蘸水茄子是四川家户人家中夏天爱吃的一道下饭菜。做法十分简单：茄子蒸熟，按个人喜好调好蘸水即可。另外，酱烧茄子也是四川人常在家中做的一道家常菜，此菜酱香浓郁，咸鲜微甜，在《川菜烹饪事典》里有详细做法：将嫩茄子去蒂，改象牙条，过油捞起。甜酱入油锅炒香，加鲜汤、调料和茄子同烧，待茄子烧软和上色收汁后，淋香油起锅装盘即成。

在经过各种蒸、炒、烧、炸、熘之后，茄子还有一种吃法——腌制。对的，就是说的腌茄子。过程并不复杂，只须将准备好的茄子去掉蒂，用清水洗净，上锅蒸十分种，晾干后将茄子对半切开不切断，切好以后在茄子上面铺一层蒜粒和盐，把茄子合起来，放到一个密封的盒子里面，每放一层，在上面加一层食盐，然后密封起来，放入冰箱中冷藏，二十四小时之后，便可食用。用这种方法腌制的茄子，放得越久越好吃，特别开胃下饭。还可以根据自己的喜好，加入花椒、辣椒、香菜等，一起腌制。

"炸熘"和鱼香味最搭

说到鱼香茄盒，我要着重提一下这道菜里运用到的"炸熘"之法。

这"炸熘"为川菜烹饪技法中"熘"法之一。胡廉泉先生说，此法多用于鱼、鸡、猪等质地细嫩的原料。烹制时，先将原料腌渍上味（或烹熟），再裹上蛋豆粉或水豆粉，或不裹，然后放入旺火，热油锅中略炸定型捞起。走菜时再用旺油炸一次捞起（如未裹芡炸一次即可，但要用旺火、旺油），

或入锅裹上烹好的滋汁；或置盘内，浇淋上滋汁而成，成菜有外酥内嫩的特点。如鱼香茄盒、鱼香八块鸡、荔枝鱼块、糖醋脆皮鱼、粉条鸭子、鱼香脆皮鸡等。

"鱼香茄盒就是一道典型的炸熘菜，制作流程中，讲究先炸后熘，相互结合，是这道菜的一个重要特点！"师父说，这炸熘菜在烹制的过程中要注意：糊要调制得浓稠一致，挂糊的时候要均匀；炸和熘的时候火候控制很重要，需要厨师熟练掌握；芡汁浓度要适宜，炒成之后要做到汁明芡亮；成菜后上桌需立即食用，否则外皮吸水回软后，风味尽失。

我问师父为什么鱼香茄盒要采用炸熘之法？师父告诉我，采用此种做法并不仅仅只靠兴趣，而是有因。其一，是因为茄子本身是个很普通的食材，粗菜细作可以发挥出它不一样的价值；其二，是因为运用"炸熘"之法来做，跟预想中的味道比较搭配。因为炸过后的茄盒表面比较干燥，如果再裹上这鱼香汁会更加吸收滋汁浓郁的香味，这是烧茄子和炒茄子都达不到的一种效果。所以师父才会说，这"炸熘"之法和鱼香味最搭！

胡廉泉先生对此与师父意见一致，说："这茄盒还是与鱼香味最搭。为什么这样说呢？因为鱼香味是属于民间的一种味觉记忆，咸辣酸甜的鱼香汁与炸得酥脆的茄盒相互交融，实在是味觉的一大享受。"

前文我也提到过，"好菜简单做"是烹饪技术的基本之法，"粗菜要细做"就需要厨师有较高的技艺，因为"细做"方能促使厨师对烹饪技术加以研究并进步，从而让技艺更加全面地提高。

可惜现在好多年轻的厨师，连基础都没有打好，又不到处去学习，永远都是学徒时的那几样菜式，毫无进取之心。"这样的馆子，生意也好不到哪里去。生意不好了，老板就要骂。被老板骂了之后，就拼命搞出些新花样。而且，他们往往以为用贵的食材就好吃，所以市面上才会出现'炸子鸡炒蟹粉''珍珠鲍辣子鸡'之类的菜……简直是乱弹琴！"师父每每说到这些，心里就很气。气的同时，也为川菜的一些现状惋惜。他老人家常说，要创新的话，方法一大把。川菜作为味型最广、形态多元的菜系，有着很强的灵活度。老一辈的川菜师傅留下了用之不尽的传统川菜菜式，光是把这些学完，都够用一生。

的确，我们应该先把那些传统川菜，也就是川菜的基础重新捡起来。把那些面临流失或失传的菜式重新做出来，只有在把基础打扎实、打稳当了的前提下，我们才有资格来谈创新。

蚂蚁上树——你吃的可能是烂肉粉条？

说起粉丝，有一道菜我们不得不提，那就是"蚂蚁上树"。

这粉丝又怎么跟蚂蚁扯上关系了呢？可能很多不了解川菜的人都会发出这样的疑问。作为一道著名的传统川菜，蚂蚁上树因附着在粉丝上的肉末形似蚂蚁爬在树枝上而得名。所以蚂蚁上树这道菜里并没有"蚂蚁"，有的只是成菜之后的形似而已。

关于"蚂蚁上树"的动人故事

蚂蚁上树这道菜具体的历史已不可考，但在四川、重庆一带，该菜很常见。

据说蚂蚁上树这道菜的菜名，跟关汉卿笔下的窦娥有关，这里有一个动人的故事：秀才窦天章为上朝应举，在楚州动身前将女儿窦娥卖给债主蔡婆婆做童养媳。既能抵债，女儿还有人照顾。于是，窦娥在蔡家孝顺婆婆，侍候丈夫，日子还算过得去。谁知没过几年，丈夫便患疾而亡，婆婆也病倒在床。窦娥用柔弱的肩膀挑起了家庭的重担，她在为婆婆请医求药之余，又想方设法变着花样做些可口的饭菜，为婆婆调养身体，婆婆渐渐地有了好转。为了给婆婆治病，家里的积蓄被花得所剩无几，经济立马紧张起来，窦娥只得硬着头皮到处去赊账。

这天，窦娥又出现在了肉案前，卖肉的说："你前两次欠的钱都没有还，今天不能再赊了。"窦娥只得好言求情，卖肉的被缠不过，切了一小块肉给窦娥。该做饭了，窦娥想，这么点肉能做什么呢？她思索着目光落在了碗柜顶上，那上面有过年时剩下的一小把粉丝。窦娥灵机一动，取下粉丝，用水泡

软，又将肉切成末，加葱、姜下锅爆炒，放入酱油、粉丝翻炒片刻，最后加青蒜丝、花椒粉起锅。躺在床上的婆婆问："窦娥，你做的什么菜这么香？""是炒粉丝。"话音刚落，窦娥便将菜端到了婆婆床前。婆婆在动筷子之前，发现粉丝上有许多黑点子，她眯着老花眼问："这上面怎么有这么多蚂蚁？"当她知道其中原委，并动筷子尝了一口后，不由得连连夸赞，还说，这道菜干脆就叫"蚂蚁上树"吧……"蚂蚁上树"这道菜就此得名，并流传至今。

如何做出一道正宗的蚂蚁上树

传说毕竟只是传说，师父对此不置可否，他告诉我，这蚂蚁上树是川菜中很老的一个菜品，最初是做的烂肉粉条，后来经过厨师改良，才成为了今天我们看到的蚂蚁上树。

如果你最近胃口不佳，那可以试着做做这道根本吃不够的蚂蚁上树。这道家常菜最迷人的地方就是辣中带香的粉条，让人一口接一口地吃，根本停不下来，并且在不知不觉中轻易干掉两碗白米饭。这道菜的做法并不复杂，你只需要掌握好其中的几个要点，尤其是食材准备，如果食材准备不好，在制作中就会耽误进程，从而影响食物的口感。

首先，选好正宗的龙口粉丝（豌豆粉），先用冷水泡十分钟，注意不是开水而是冷水。当用手感觉粉丝开始回软的时候，用剪刀将粉丝剪成二十厘米左右的长度。这样操作的目的，是为了成菜之后食用起来更方便。接着捞出粉丝沥干水，再用开水发制十二秒（已经精确到秒了，相信好吃嘴们一定可以发好粉丝了吧），再捞出沥干水，加入冷水迅速冲至冷却。为什么要这样操作呢？是为了避免粉丝回软，在后续的烹制过程中产生软断现象。冷却之后的粉丝，最后捞出沥干，整个泡粉丝过程就算完成了。

师父说："你别小看这个过程，那可都是厨师们经过无数次的操作才总结出来的经验。而要想做好一份正宗的蚂蚁上树，这泡粉丝是关键中的关键。"

粉丝准备好之后，我们开始准备肉末。这肉一定要用牛肉，且要用牛肉的腿子肉。"我看现在饭店里卖的好多都是用的猪肉。"我将心中的疑问讲给师父听。师父说："用猪肉末没有牛肉末吃起来香。而且用猪肉，就成了烂肉粉条,而不是蚂蚁上树了。"将牛肉剁细后,入锅炒制。这里需要烹料酒(且料酒比平时炒肉的量稍多一些),并放少许盐。烹料酒的目的,一是为了去腥味,二是为了炒牛肉末的过程中减少粘锅的现象。将牛肉末慢慢炒散,直到吐油之时,迅速捞起至案板上再次剁细,然后,锅里放少许油,再次倒入牛肉末炒酥,捞起,这牛肉臊子就算是炒好可以备用了。

这个时候开始准备其他配料,蒜苗切成花,蒜粒、葱花、姜米切好备用。

接下来,锅里入油,将豆瓣剁细下锅,加蒜粒、姜米,这里蒜粒要比姜米多一些。同时,加少许蒜苗花炒出香味,如果颜色不达标,可以适量加入酱油。待锅里开始吐红油时,倒入备好的粉丝,并加入少许炒好的牛肉末,迅速将粉丝和牛肉末炒均匀,在起锅之前将余下的牛肉末倒入,再次翻炒均匀之后,装盘,撒点花椒面。一道色泽红亮,粉丝松散,且几乎每条粉丝上都粘有牛肉末的蚂蚁上树就算是烹制成功了。

那么,一道成功的蚂蚁上树有什么判断标准?

师父说:"首先,色泽红润;其次,粉丝透明,且呈松散状;第三,吃起来干香回软,吃完粉丝和牛肉末之后,盘子里是不应该有一滴油或水的。"现在外面的馆子里,好多厨师都把"蚂蚁上树"做成流汤滴水的"臊子粉条"。

就连著名的美食家车辐先生,在他的《川菜杂谈》里也说:"这蚂蚁上树是把牛肉宰碎成苍蝇头大小,才能炸成又酥又脆的'蚂蚁',得以粘在水粉上。这样菜在过去华兴正街的荣盛饭店、城守东大街的李玉兴,就做得十拿九稳,大受欢迎,于今思之而不可得。"

这蚂蚁上树的烹制过程确实不复杂,但为什么现在饭店里的蚂蚁上树就成了烂肉粉条或烂肉粉丝了呢?

"我记得,在20世纪六七十年代,那个时候的粉条是可以用油炸的,现在的粉条不能用油炸,一炸就断,根本没办法拿来做蚂蚁上树。而且做蚂蚁上树需要掌握好两个关键,一是泡粉丝,二是炒臊子。但现在好多的年轻厨师,这两样都操作不到位,所以就出现了如此多的烂肉粉条和烂肉粉丝在饭店的席桌上。"胡廉泉先生说,这道蚂蚁上树是成都很早以前就有的一道家常菜,基本上跟回锅肉的出现时间是同步的。那个时候,几乎每家都会做这道菜,为什么现在没有人做了呢?

因为老一辈的厨师们（这里也包括家户人家里的主厨）大多都做不动了，而年轻一辈的厨师们平时基本上没有做过这道菜，现在的酒楼饭店里吃到的这道菜，一般都是有汤汁的，并且肉末粗，基本上粘不到粉丝上……久而久之，蚂蚁上树便退化成了一道只有其名没有其形的菜肴。

怪不得，以前老是觉得这道菜有点"伤油"，根本没有办法像传说中那样光是就着菜就可以干掉两碗白米饭。原来，以前我吃的都不是正宗的"蚂蚁上树"，而是油多的"烂肉粉条"。

师父还跟我讲了一则关于蚂蚁上树的有趣故事，说有一次客人叫了一份蚂蚁上树，那天饭店的生意特别好，后厨里的厨师忙得上气不接下气，几分钟之后，蚂蚁上树已上桌为客人享用。谁知，突然一位食客站上了凳子，在干什么呢？正拿起筷子准备吃蚂蚁上树里面的粉条，那粉条被食客这样子一夹起来，居然有一米多长，立即引得堂内食客们前来围观……原来是后厨刚才做菜时忘记剪断粉丝了。

为什么一定要用龙口粉丝？

师父说，做这道菜除了泡粉丝之法需特别注意之外，选粉丝也是有讲究的，一定要选用正宗的龙口粉丝，才能做出正宗的蚂蚁上树。

为什么一定要用龙口粉丝呢？

胡廉泉先生说："龙口粉丝丝条匀细，纯净光亮，整齐柔韧，洁白透明，烹调时入水即软，久煮不碎，吃起来清嫩适口，爽滑耐嚼，是烹制蚂蚁上树这道菜的首选原料。"

这龙口粉丝不仅是中国的传统特产之一，其生产历史还相当悠久。最早产地是招远，据史料记载，明末清初，招远人创造了绿豆做粉丝的新技艺。由于地理环境和气候优势，招远粉丝以"丝条均匀、质地柔韧、光洁透明"而远近闻名，以后逐渐发展到龙口、蓬莱、莱州、栖霞、莱阳、海阳等地。1860年，招远粉丝开始集散于龙口港装船外运，而龙口粉丝的出口最早可追溯到一百多年前。1916年龙口港开埠后，粉丝运往香港和东南亚各国，这时招远、龙口生产的粉丝，绝大多数卖给龙口粉丝庄，龙口成为粉丝的集散地，因而得名龙口粉丝。其因原料好，加工精细，质量优异，被称为"粉丝之冠"。

利用淀粉加工粉丝，在我国至少已经有一千四百余年的历史。民间虽有孙膑发明粉丝的说法，因无文字记载，不能为据。北魏贾思勰所著《齐民要术》中记载，粉英（淀粉）的做法是"浸米、淘其醋氮、熟研、袋滤、杖搅、停置、清澄"。宋代陈叟达著《本心斋疏食谱》中写道，"碾破绿珠，撒成银缕"，十分形象地描述了绿豆粉丝的做法。

据明代李时珍《本草纲目》记载："绿豆，处处种之。三、四月下种，苗高尺许，叶小而有毛，至秋开小花，荚如赤豆荚。粒粗而色鲜者为官绿；皮薄而粉多、粒小而色深者为油绿；皮浓而粉少早种者，呼为摘绿，可频摘也；迟种呼为拔绿，一拔而已。北人用之甚广，可作豆粥、豆饭、豆酒、炒食，磨而为面，澄滤取粉，可以作饵顿糕，荡皮搓索，为食中要物。以水浸湿生白芽，又为菜中佳品。牛马之食亦多赖之。真济世之良谷也。"其中的"搓索"就是指做粉丝。

炒粉丝是四川家户人家常吃的菜肴。粉丝通常分为粗细两种，吃法也是各不相同。粉丝因含丰富的淀粉，且与各种蔬菜、海鲜、鱼、肉、禽、蛋等都能搭配出许多菜肴，所以十分受厨师们（无论是饭店里的厨师，还是家庭里的主厨）的喜爱，春夏秋冬皆可食用，可凉拌、热炒、炖煮、油炸……除了蚂蚁上树、烂肉粉条外，"粉丝家庭"的其他菜肴还有：凉拌粉丝、酸辣粉丝、卷心菜炒粉丝、香菇肉末粉丝汤、番茄煎蛋粉丝汤、肉末粉丝煲、蒜泥粉丝等等。另外，我们常吃的海鲜如虾、扇贝、蛤蜊等都喜用蒜蓉粉丝之法入菜。

人们常说，最美味的往往是最家常的，而最家常的往往是最难得的。在很多人的眼里，食物其实不仅仅是美味，更是一份味觉上的情感记忆。那些儿时记忆里最美的味道。随着岁月的流转，慢慢沉淀，日渐丰满……最后，变成心底最柔软的一部分。

鱼香肉丝——"鱼香"而无鱼

与回锅肉、宫保鸡丁、麻婆豆腐等耳熟能详的菜一样，鱼香肉丝亦是一道非常经典的川菜，几乎人人爱吃，家家会做。

然而一个奇怪的现象却是，如今成都大大小小餐馆炒出来的鱼香肉丝，不是质地粗老、味道不正，就是配搭不当、用油过多。针对这个问题，师父他老人家感慨道："人人口中有，个个心中无。"

你吃的鱼香肉丝正宗吗？

"一盘鱼香肉丝一上桌搭眼一看，不是用的二刀肉，叉叉；青笋和木耳是标配，多一样少一样，叉叉；加豆瓣加花椒，更要画叉叉。"师父说。

"为什么一定要用二刀肉？"我问。

答："只有肥三瘦七的二刀肉，炒出来的肉丝才会滋润爽口。现在，许多餐厅的厨师用的都是里脊，少了肥肉的中和，鱼香肉丝中的肉吃起来发柴，缺少爽滑细嫩的口感。"

"青笋和木耳是标配怎么理解？"我继续问。

答："传统的鱼香肉丝，配料上都是选用的青笋加木耳。后来，有些餐馆也用玉兰片加胡萝卜和木耳。这用材的不同，也会带来成菜后鱼香味的微妙变化，一般的人吃出来好像觉得并没有什么不同，但在内行看来，还是有差别的。差别在哪里？就在青笋的清香上面。"

我又问："那豆瓣和花椒为什么也不能加呢？"

师父答："豆瓣用在家常菜里是不错的，许多家常菜都靠豆瓣来定义，只是鱼香肉丝及整个鱼香味型的菜口感独特，若真加了豆瓣，既不属于鱼香味，

家常味的特征也不够明显。也就是说，豆瓣会掩盖好不容易调出来的鱼香味，因此，鱼香味里没有豆瓣才是正解。至于加花椒，那就更是离谱，鱼香味不需要花椒去穿插，因为花椒会对鱼香味型产生一定的破坏作用，且毫无关联，没有规矩。如果有人非要加花椒进去，那它就不是鱼香，而成了五香！"

师父的一席话令我茅塞顿开。接下来，我们就来说说这道菜的具体做法吧。

首先，按照传统的做法，一定要选择"肥三瘦七"的二刀猪肉，肉选好后，切成二粗丝，加入盐、水豆粉进行码味。

第二步，准备配料。这道菜的配料主要由青笋、木耳构成。青笋去叶、去皮后，也切成二粗丝，码盐；木耳则先用开水发泡，然后洗净，切丝，装盘待用。其中，青笋在下锅以前，需要将码的盐冲洗掉，时间不宜过长。葱、姜、蒜等切成细粒，泡辣椒剁茸备用。

待一切准备就绪，下油烧至六七成熟，便将肉丝下锅煎炒。炒鱼香肉丝时还要注意的是，下锅后用锅瓢将其拨散，注意不能使劲去翻弄它，因为一翻弄就会脱芡，影响口感。待肉丝散籽发白时，再加入泡辣椒茸、姜蒜细粒继续炒至吐红，然后将青笋、木耳一起入锅合炒，随即将提前兑好的滋汁（由白糖、酱油、醋、葱花、水豆粉、鲜汤调制而成）下锅，迅速翻炒装盘。一道正宗的鱼香肉丝便可任食客享用了。

"若每个环节都做得非常到位，你会发现，鱼香肉丝里会慢慢吐出些许的油来，像我们期待的那样，散籽亮油。这'散籽'是指改刀后的丁、片、丝、条等形态的食材在成菜出锅装盘时食材之间不粘连在一起，呈散落状。而这'亮油'是有一个标准的，即'一线油'，也就是微微渗出来，围着整个成品一圈，但只有一条线的宽度，达到油润而不油腻的效果；多了、少了，都会被认为是技艺不到家。"师父说，传统川菜中的炒菜都有这样的要求，不过，现在没几家川菜馆子讲究这个了，能做得好的餐厅在成都本土也不多。

鱼香肉丝也是厨师考级的必选菜之一。它的味型调制难度较大，就拿这鱼香芡粉滋汁来说，简单说来是以白糖、酱油、醋、葱花、水豆粉、鲜汤调制而成。但若不是熟练操作，精准调好配比的话，稍不注意就会非甜即酸，鱼香味全无。所以，做此菜时调料的比例很考究，十分考厨师的技艺。

"鱼香"由来

如此受欢迎的鱼香味，究竟从何而来呢？

民间流传较广的一个故事大概是这样的。很久以前，有位家庭主妇备好了做鱼的料，但发现家中没鱼了，于是用这些料烹制了其他食材，结果丈夫吃了大加赞赏，达到了出其不意的效果。

由此一来逐渐得出了一个公认的说法，鱼香之所以称之为鱼香，是因为用了烹鱼的调料来烹制其他食材。师父说，从味觉的角度分析，鱼本身是没有香味的，只有腥味，但人们将葱、姜、蒜等佐料加以运用后，便给这鱼赋予了另外一种香味，这种香味属于复合型，人们给它定了一个亲切的称呼——鱼香味。

鱼香味被正式列入川菜菜谱的历史并不悠久，在追溯这段历史时，我曾翻阅过1909年出版的《成都通览》，其中收录了一千三百二十八种川味菜肴，尚没有一味是"鱼香味"。胡廉泉先生说："我曾请教过出生于1914年的前辈华兴昌师傅，问他在当学徒时，馆子里是否有做过或见过这鱼香味的菜，他的回答是否定的。但是在他老人家的记忆里，那时民间有做鱼香油菜薹的，可至于这菜是怎么来的，华师傅也不太清楚。"以前的家户人家吃鱼已属难得，这剩下的汤汁自然不舍丢弃，于是加点菜继续烹饪，就又做出一道菜来。因此，胡廉泉先生跟师父一样都比较倾向于认为，鱼香味是来源于民间烹鱼的一种调味方法。以前，人们烹鱼时用姜、葱、蒜以避其腥，加泡辣椒、盐、醋、糖等以增其味。于是，"一种咸辣酸甜兼备，芳香气味浓郁"的新味型就此产生。后来厨师们用这些调味品来烹制其他菜品，收到了意想不到的效果。为别于其他，就据其来源，把凡用此法烹制的菜品，都冠之以"鱼香"二字。

有一阵子，成都居然出现过餐馆专门挂着"鱼香肉丝真的有鱼"的噱头来炒作的现象。这时，王旭东先生插话说："我见过有人把鲫鱼放进泡辣椒的坛子里，称这种泡辣椒为'鱼辣子'，而烧鱼一定要用'鱼辣子'，这也可能算是个别人对'鱼香'二字的肤浅解读吧。"

这里，我们便来说说鱼香味最重要的调味料之一——泡辣椒。

说起泡辣椒，我们不得不提一个人，成都泡菜大师温兴发（1907—1977）。在他身后四十多年，同行们依然念念不忘的便是他那手不变形、不过酸、不进水、不走籽、不喝风、不过咸，色香味美、形色俱佳、口碑甚好的泡辣椒。

每年七、八月，无论是饭店后厨的人，还是四川家户人家主厨之人，他们都很忙，忙什么呢？忙着做泡辣椒。选辣椒的时间很关键，进了头伏就开始找辣椒，头伏、二伏的较好，一定要在三伏之前下入泡菜坛子里。辣椒品种以四川本土产的二荆条为最佳，新鲜硬实、无虫伤腐烂。泡辣椒的盐，一定要用川盐，只有川盐才能保证氯化钠含量够高。所用的坛子只能用来泡辣椒，不能泡其他食材，不然容易产生杂菌。据我所知，大多数成都人家里都

有两个泡菜坛子，一坛用来泡辣椒，一坛用来泡些姜、青菜什么的日常配料。

虽然泡辣椒很重要，但任缺一味或任多一味，做出来的味道都不能叫鱼香。师父就曾经说过：如果临时发现家里只有葱、姜没有蒜，建议就不要做鱼香味。

现今许多食客对于鱼香味概念大多停留在鱼香茄子、鱼香肉丝等热菜系列上，而殊不知，也有许多冷菜是鱼香味的，比如鱼香青豆、鱼香豌豆、鱼香蚕豆、鱼香花仁、鱼香腰果等，均属于佐酒佳菜。

"将鱼香味用于拌菜的历史，只有二三十年的时间，而且品种还仅仅局限于豆豆、果果这类原料上。截至目前，还没有人冲破这个框框，也就是说，现在做的鱼香味冷菜，还没有发现有人是用的其他原料。"当胡廉泉先生说到这个现象时，我想起了每到夏天就能吃到的"激胡豆"，这道菜可算是鱼香味的雏形了，不仅可以下酒，还可以用其剩下的汁水拌饭，美味可口。那么，这鱼香味的冷菜与热菜究竟在本质上有何不同呢？

胡廉泉先生说，冷菜的鱼香汁不同于热菜的鱼香汁，主要体现有两点：

"一是冷菜鱼香汁的调料不下锅，而热菜鱼香汁的调料是要下锅的；二是冷菜的鱼香汁不用芡粉，而热菜的鱼香汁则需要用芡粉。"从这个角度来说，冷菜里的鱼香味佐料没有经过高温，质地不受破坏，这就使得其风味更醇、更浓、更香。

"以前的老师傅们在烹制鱼香味时，是非常注重姜米与蒜米之间的比重的，一般来讲，他们采用的是一比二的比例，即一份姜、两份蒜。因为他们在实践的过程中意识到，蒜的作用是去鱼腥味，因此后来也就有了大蒜鲢鱼、大蒜鳝鱼等菜肴。"胡廉泉先生曾反复强调一个观点，学川菜烹饪，与其一道菜一道菜地学习，还不如学习川菜的调味，若把川菜的调味弄明白了，那也就算是学到了川菜中的精髓。比如鱼香味的菜品，只需要把鱼香味的调料构成、搭配比例、调制要领、适用范围等先了解清楚，把味道搞准确，冷菜怎么调，炒菜与烧菜怎么调等。在这些基础上再稍加灵活调整，就可以制作出许多鱼香味型的菜来。

到目前为止，鱼香味系列菜品已发展至上百种之多。几乎每天各家餐馆、每家每户成都人家都会烹制一道鱼香味的菜肴，不管是鱼香肉丝也好，鱼香茄子或是鱼香油菜薹也罢……人人口中都在吃着鱼香味的菜，但鱼香味的真相却在人们心中渐渐模糊。我总算理解了师父所说"人人口中有，个个心中无"这句话的真意。

消失三十年的"小煎小炒"正在回归

当我以寻味的角度重新审视鱼香肉丝这道菜的时候，就发现这道菜不仅是川菜鱼香味最具特色的代表菜，同时也是川菜烹饪技法"小煎小炒"（川菜中急火短炒，临时兑汁，不过油，不换锅，一锅成菜的烹饪技法）的代表菜之一。

"小煎小炒，无论从火候还是时间上来看，要求都非常高；而对于油的用量，也必须要求一次放准。"胡廉泉先生说，这小煎小炒往往不以分计，而以秒算。到底它的成菜速度有多快呢？以炒一个单份菜计，所用时间大概在二十五到三十五秒之间。

　　胡廉泉先生想起他曾经亲历的一件往事：大约在1973年前后，成都商业部门搞了一次技术表演，其中有一个节目是由三个厨师表演的"杀鸡一条龙"。第一个厨师负责杀鸡、褪毛、去腹、清洗，交由第二个厨师，由他取下一只鸡腿带半个鸡柳，去骨宰成鸡丁，最后交给第三个厨师，将鸡丁码味、码芡，下锅炒成"宫保鸡丁"。整个过程用的时间是四分二十六秒。就最后一个程序看，炒鸡丁所用时间还不到二十秒，如果加上先前兑滋汁和烧油的时间，也不过就是三十秒左右。

　　"小煎小炒"这一连串的动作，便是在这短短的几十秒内完成的，堪称一门绝学，"炉火一开，掌勺的只有一次机会。"师父说。

　　以前在成都"小煎小炒"（常见代表菜品有：鱼香肉丝、宫保鸡丁、火爆腰花、回锅肉、盐煎肉、肝腰合炒等）因其物美价廉、成菜迅速、风味多样而广受消费者欢迎。一些外地来蓉的食客，大多是通过小煎小炒这类菜来认识川菜的。令人遗憾的是，尽管目前成都的各家餐馆，也还卖一些炒菜，但端出来的菜已是"今非昔比"。对于那些曾经的美味，人们只能将其留存于记忆之中。

　　面对如此现状，师兄张元富在他开设的餐厅进行了一些"小煎小妙"的尝试。他说："川菜之所以用小煎小炒，就是要运用急火短炒让菜肴留住新鲜和营养。而且，成菜才会有散籽亮油、统汁统味、质嫩爽滑的特点。"元富师兄，除了按川菜志把式定制锅之外，还设左、中、右三口汤锅，专门用来吊汤。头汤、二汤、原汤，都在这三口锅中熬制。"厨师们早上一来就开始吊汤，用汤来替代鸡精、味精提鲜，最大化地接近原生态。"

　　我明白，元富师兄要用这样的方式守住并传承川菜最具特点的烹饪技法"小煎小炒"。

佐酒佳肴

师父教我吃川菜

HOW TO TASTE SICHUAN CUISINE:
LEARNING FROM MASTER

干煸鱿鱼丝——最佳下酒菜

著名美食家车辐先生曾打了一个比方："厨师好比文学创作的作家，美食家则可看作是搞文学评论的评论家，二者互为因果。"这里的厨师所掌握的烹饪的高超技术，是远非美食家所能做到的。而美食家对于品味，就不仅仅在于吃什么，什么好吃，更重要的是如何去吃了！

真正的美食家，要善于吃，善于谈吃，并说得出个道理来，最后还要善于总结。李眉在谈及他父亲李劼人时说："我认为父亲不单好吃会吃，更重要的是他对食文化的探索和钻研。"无论是李劼人还是车辐，他们之所以被称为美食家，其主要原因大概在此。

说一说下酒菜

既然说到"干煸鱿鱼丝"这道下酒菜了，那么我们就先来说一说关于下酒菜的一些讲究。

在中国，无论是北方还是南方，人们喝酒时几乎都要有下酒菜。而酒文化，也是中国人悠久的文化传统。没事喝上两口小酒，或独酌或邀三五好友同饮，再吃点下酒菜，那可真是快哉美哉！

俗话说：寡酒难吃。啥意思？光喝酒，不吃点东西的话，就会有点单调无味，且会对肠胃造成很大的刺激。而且，对于酒量不好的人来说还很容易喝醉，因此，很多人就习惯喝酒的时候再吃一些下酒菜。

可以用作下酒的菜非常多。简单一点的如盐煮花生、酥黄豆、毛豆干儿、五香豆腐干、沙胡豆等；讲究的如麻辣牛肉干、卤牛肉、腊肉香肠、拌兔丁、熏鱼条等一系列荤菜；或者怪味花仁、酱桃仁、收豆筋、凉拌三丝等

一众素肴。

众所周知，酒的主要成分是乙醇，进入人体在肝脏分解转化后才能代谢，这样喝酒就会加重肝脏的负担。所以，讲究的厨师在研究适合用来下酒的菜时，会适当选用几款保肝食品。

另外，常听医生朋友说，酒水入肠，会影响人体的新陈代谢，身体容易缺乏蛋白质。因此，下酒菜里应有含丰富蛋白质的食品，比如，这道干煸鱿鱼丝里的鱿鱼。

其实说到下酒菜，我们印象最深刻的莫过于茴香豆了。读书时学过的一篇课文，鲁迅笔下的孔乙己喜好喝酒，"温两碗酒，要一碟茴香豆"。

"有酒无菜，不算怠慢，有肴无酒，拔腿就走"，说的就是酒与菜肴的"血肉关系"。"有肴无酒"一般是不能称其为宴饮的，加之历代文人墨客的渲染，使得下酒菜更是成了必不可少的菜肴。其中最会找理由吃酒的要数李白这位大诗人，他写道，"天若不爱酒，酒星不在天。地若不爱酒，地应无酒泉。"而李商隐为了吃酒可以"美酒成都堪送老"！此外，说到吃的艺术，四川就有宋代鼎鼎大名的美食家、造酒试验家苏轼先生以及清代的才子李调元。

以火候见功夫

"这干煸鱿鱼丝常用于宴席，还有一个名字叫'干煸金耳环'。"师父说，关于"金耳环"还有一段故事，他是听张怀俊老师傅说的：某店有一位厨师，在切鱿鱼丝时因为没有弄清楚横顺，煸出来的鱿鱼卷曲呈环状，他不好给客人说是"干煸鱿鱼丝"，于是就给它取了"干煸金耳环"这个名字。

"另外，这道菜还是曾国华曾大爷的拿手菜之一。"师父在开始讲菜前补充道。

做这道菜的第一步，就是选干鱿鱼。要求选用大张、体薄的干鱿鱼（选择鱿鱼，应以对光照时可见透明、淡黄色为好）去骨和头尾。由于鱿鱼比较硬，一般须在小火上稍微烤一下，鱿鱼受热之后就变软，这个时候便可开切，把鱿鱼头去掉，并将鱿鱼开片后再横切成细丝。这个时候，可以开始准备辅料。把黄豆芽的根和芽瓣掐掉，只用中间的杆。"记得我在美国做凉拌鸡丝的时候，就是选的黄豆芽。"师父强调，黄豆芽一定要掐掉两头。然后，再准备一些肥瘦相间的猪肉，切成5厘米长的细丝。接下来准备姜丝、泡辣椒丝、葱白丝等辅料。

辅料准备好之后，把鱿鱼丝统一切成6厘米长。俗话说，"横切肉片，顺切丝"，这是一般的用刀原则，但切干煸鱿鱼却须反其道而行之，要横切成丝，破坏其纤维结构，以免受热后老绵顶牙。这里有一点值得注意，鱿鱼横切成丝成菜之后，并不会卷曲如"金耳环"，只是微微有点卷。

鱿鱼丝切好之后，就要开始下锅进行煸炒了。

"这干煸菜肴以火候见功夫，在整个烹制过程中要多次变换火候。操作时要求手法灵活，右手持勺要不断翻炒锅内原料，左手提锅要不断颠锅，使原料受热均匀。"师父再次说起翻炒时颠锅的技法，并一再强调，"翻炒还要根据原料不同的质地，运用火力时徐时疾，以使其脱水程度恰到好处。煸而不干即名不符实，干若枯柴则风味全失，正确地掌握好火候，以使菜肴达到酥脆的口感，实属不易。"

所以，煸炒要求火旺，油滚烫，翻动要快。煸炒时以七成油温为宜，此时锅内油面开始冒青烟，鱿鱼丝入锅后因油传热快，会有噼里啪啦的爆油声，这是鱿鱼在膨化起小气泡。鱿鱼表层很快凝固形成焦膜，阻止了内部水分的渗出，从而保证了菜品外脆内韧的口感。"注意，当鱿鱼丝开始卷缩时，迅速滗油，锅里只留少许油，快速加入肉丝，与鱿鱼丝一起煸炒。"为什么不直接倒出鱿鱼丝，单炒肉丝呢？师父说："其实，要的就是用肉的水分，对鱿鱼进行回软。不然，鱿鱼会干、硬。"然后，加入料酒烹制，翻炒几下，便把盐、胡椒、姜丝下锅，去掉腥味。这个时候，切忌在锅内久煸，否则鱿鱼在高温下质地干瘪，绵老而嚼不动。

在干煸鱿鱼丝这道菜里，姜丝是很关键的。它既能为这道菜带来香气，也能去掉鱿鱼的腥味。随后，稍微加点白糖，咸中回甜，但又吃不出甜的味道。这里，放糖的目的，既起到了增鲜提味的作用，也让这道菜吃起来不会觉得"死咸"（吃到最后都是咸）。这个时候，便可加入豆芽了。豆芽入锅后，翻炒两下，加入泡辣椒丝、葱白丝，滴点香油后起锅。

装盘后的鱿鱼丝色泽金黄，豆芽白里透嫩，泡海椒红亮鲜艳。这三种颜

色的搭配，让这道菜从视觉上即勾起好吃嘴们的食欲。吃起来，豆芽脆嫩、肉丝松嫩、鱿鱼丝干香，十分宜于佐酒下饭。

在川菜中，干鱿鱼入菜，一般来说都是先用碱水涨发，使其柔嫩，再用烧、烩、爆等技法，配以鲜味原料和上汤，成菜上桌。但此菜烹制却一反常规，巧施刀工和火候，运用川菜特有的"干煸"之法，以酥制干，以松制韧，直接用干鱿鱼切丝下锅，再配上细嫩鲜爽的猪肉丝和黄豆芽，使成菜具有色泽金黄、绵韧酥松、干香味长的特点，在众多的鱿鱼菜中独树一帜。

"干煸"依然要用油

"煸"在其他地区称为生煸或煸炒，仅把它作为烹调中的一个环节。但川菜却把"煸"与"干"联系在一起，把干煸作为一种独立的烹调技法运用。

"干煸"一词也准确形象地点出了它的特点，即菜肴原料要"干"至脱水，达到酥软干香，是一项技术操作难度较高的烹制方法。需将经刀工处理的丝、条、丁等形状的原料，放入锅中加热翻炒，使其脱水致熟，并具酥软干香的特点。干煸菜主要运用中火中油温，且油量较少，原料不上浆码芡，加热时间较长，且需将原料煸炒至见油不见水时，方加入调制的辅料烹制成菜。

而干煸的原料，除了结构较紧密的干鱿鱼之外，川菜厨师们还常常取用肉质纤维较长的猪、牛、羊瘦肉及鸡、鸭、鳝鱼等食材，成菜后酥、干的外在口感之下，其内在质地给人的基本感觉仍然是软。另外，蔬菜中质地鲜脆、含水分较少的冬笋、苦瓜、芸豆、黄豆芽、土豆、四季豆、茭白等也

适合干煸烹制，成菜后吃起来就是脆的感觉。

此外，干煸菜的调味荤素有别，荤料多用麻辣味，素料一般是咸鲜味。

"干煸，有些地方又叫干炒。干炒给人的感觉，是锅里没有油。其实不然，干煸也是要用油的，只是用油不多。同时，烹制的时间相对要长一些，火力不能太大，宜用中火。"胡廉泉先生在《细说川菜》一书里对干煸有过详细的介绍。

近年来随着烹调技术的发展，厨师的时间观念增强，对干煸技法做了一些改进，一般都过油后再煸炒。这样加快了原料的脱水速度，缩短了烹制时间，提高了工作效率，并基本保持了干煸菜干香、酥软、滋润、味厚、回味悠长的特点。而经过脱水，还有利于原料初步成形，避免煸制过程中损伤原材料的形状。如不进行过油脱水处理，直接干煸，不仅耗费时间，且原料还易煸烂。

"凡干煸的菜式，一般都要求用油适量。这适量的程度是，当菜装入盘中时，不见油脂溢出。如果满盘子都是溢出的油，那肯定是油用多了。"师父说干煸菜装盘后，给人的视觉效果，一定是干酥干酥的，因为它不加汤，油少。

"这辅料，我看也有人用绿豆芽和冬笋的。是不是还是用黄豆芽才合理一些呢？"我问师父。"还是要用黄豆芽。绿豆芽水分多，不易煸炒。至于冬笋那又是另一种味道了，这个要看个人喜好。为什么说豆芽中用黄豆芽最好呢？前面我也说过，干煸蔬菜里，不就有干煸黄豆芽这道菜嘛！不过关键，还是要看你的鱿鱼丝煸得怎么样。"

如何让这道菜成为流行？

我曾经有幸吃过师父做的这道干煸鱿鱼丝，但吃后总觉得咸鲜味还是偏清淡。我想，这或许就是这道名菜点菜率低的原因之一。

车辐先生曾经说过，干煸鱿鱼丝是一道适合下黄酒的菜。这也恰恰验证了我之前的感觉。如果这道菜的味型再饱满一点，是不是就更加适合拿来配我们平时爱喝的白酒了呢？

"师父，我们可不可以自己配制点五香酱，与此菜一同上桌呢？食客可以根据自己的需要来选择，这样既增加了这道菜的复合味，是不是也更适合用来下白酒？"我把心中的疑问说了出来。

"弄五香酱也未尝不可，可以增添这道菜味型的饱满度。但不要把五香酱直接入锅与菜同炒，还是要保持它传统的味道。现在，一般的餐馆基本上是没有这道菜的，就是当初我在荣乐园，也只是作为示范菜，很少有食客点这道菜。在推广上，或许我们应该想想具体要怎么做，才能让这道菜又在'街上'走起来（流行）啊！"师父对于川菜中很多传统菜肴如今已难在宴席菜单上见到而感到惋惜。

传统川菜的普及，表面上看起很热闹，其实能够说到点子上的不多。美食之美，除了味觉的享受之外，不乏视觉的愉悦。没有赏心悦目之感，再美的味道也会黯然失色。如果这道菜改创成功了，又该如何来引导呢？记得，师父曾经说过川菜大师黄敬临先生就很善于跟食客沟通。每每一道新菜出来，他总是爱坐于席间，为食客们（主要是当时的达官贵人、文化名人）一一讲解菜的原料和制作，也在吃法上引导他们，让他们在吃的同时知道菜背后的故事，从而获得一种精神上的享受。

一道美味，就像一组密码。吃时不仅可以感知自然的造化，巧妙的配比，火候的拿捏，甚至还能感知背后的故事……

牛肉干——香辣相成

"吃这个菜时一定要细细咀嚼，不能像其他菜一样大口吃。细嚼慢咽，才可以品味出其中的滋味与妙处来。"师父端着一盘麻辣牛肉干朝我走来。

眼前这盘深褐色、点缀着粒粒白芝麻的麻辣牛肉干看上去油亮油亮，老远就闻到了一股特别的牛肉香。拈一块入口，嗯，松散，柔韧，绵软化渣，一点都不费牙。细细品味，麻、辣、咸、香，略带回甜，干而不燥，回味绵长，唇齿间有种干香的余味久久不散。师父说，如果吃到嘴里"乒乒乓乓"地顶牙齿或者咬不动就说明这道菜是不成功的。

老成都印记里的移民美食

说实话，起初，我对师父煞有介事地将麻辣牛肉干当作一道菜端上席桌并没有表示出足够的重视，因为我觉得这个东西随处可见，太过普通，且多是以袋装或礼盒出现在各种卖场里，充其量不过是个零食而已。直到听师父讲了有关它的故事和制作过程，才对这小小的麻辣牛肉干有了一个全新的认识。它不仅堪称一道经典传统川菜，还承载着老成都的近代移民史。

没错，麻辣牛肉干最初的确只是一种小食品，小食品就是所谓的小吃、零食，用成都人的话来讲，是用来吃耍的，不是拿来下饭的。如灯影牛肉、夫妻肺片、拌兔丁等都是如此。胡廉泉先生分享说，曾经他在整理清末民初的川菜资料时，好像还没有麻辣牛肉干这一菜名，只是在《成都通览》的"肉脯品"里，有一道叫"干牛肉"的食品，没有做法，因此不能肯定与麻辣牛肉干是同一样东西。他认为这道菜最多也就七八十年的历史。

按理，从饮食结构上来说，猪肉才是四川人的首要肉类食物，可为什么

会有一些人也喜欢吃牛肉制品呢？

　　师父讲，以前成都的牛肉价格比猪肉低，牛被拉到杀牛巷宰杀后，只取其肉，其他的都被丢弃，从某种意义上说，这并未物尽其用，是一种浪费。纵观历史，成都平原经历了无数次的移民潮，其中以明末清初的规模最大。在清朝修建的皇城一带，除居住着满族人外，还有数量不少的回族人。他们给成都带来了诸多饮食上的不同。特别是回族人的主要肉类食材就是牛肉。成都的回族人制作的"清真食品"不仅充实了成都的餐饮市场，而且还丰富了川菜的内容。与肺片、怪味鸡、麻辣兔一样，麻辣牛肉干最初可能也是作为小吃、小食品而行市的。

　　成都的小吃，不仅仅只有糕点、面团，还包括诸多肉制品，如牛肉、鱼肉、兔肉等。许多小吃最早都是商贩提篮或者挑担沿街叫卖，很接地气。"许多平民百姓要养家糊口，但只要他们把一样食品做好，就足以养活一家人。小时候，我总爱到卖烧腊的酒铺去买五分钱的腌牛肉，切成一节拿在手里慢慢撕着吃，即所谓的零食。"听师父动情地回忆他小时候的生活，彷佛将我带入到20世纪50年代的老成都。这些故事不仅是师父的记忆，也是许多老成都人的生命印记。

"白卤"而非"白煮"

成都平原和周边丘陵地区产黄牛和水牛，但制作麻辣牛肉干的肉主要选择黄牛的牛腱子肉。师父告诉我，水牛肉色泽偏黑，黄牛肉呈鲜红色，色泽会更加好看，牛腱子里面有筋，穿插在牛肉里面，与牛肉纤维结合在一起，有韧劲有嚼头。

腱子肉，实际上就是腿子肉，长在牛腿上，具有瘦肉多、筋少的特点，有了这部分筋，可以增加牛肉干的口感和弹性。师父说："牛腱子肉卤制出来，切开，可以看见牛筋与牛肉完美搭配着，那略带透明的牛筋像绣花一般镶嵌在牛肉上，很是好看，在品尝时，这牛筋也有着属于自己的独特香味。"

这道菜制作的第一道工序并非将其煮熟，而是像做夫妻肺片一样，要放置到大锅里白卤，将肉卤软至筷子戳得动时（这个过程大概需要一个半小时），拿出来晾干，再进行下一步。这是现代年轻厨师在做麻辣牛肉干时，

容易忽略的一个重要环节。白卤和白煮，是两个截然不同的概念，唯有用白卤，才能使这牛肉干的味道更浓更香。

那什么叫白卤呢？

胡廉泉先生解释说，行业内对于卤制技法有"红卤"和"白卤"之分，红卤带色，譬如卤鸭、卤猪肉，卤出来的东西带棕红色。白卤不带色，它也不需要带色，譬如卤牛肉、卤牛杂等，食材本身颜色就比较深，如果再红卤，出来的颜色岂不是更深？你也许会问，那牛杂肺片为什么也是白卤呢？因为肺片卤后还要拌。如果红卤，那拌出来的颜色就不清爽。但是鸡可以红卤，也可以白卤，那得看需要。红卤之所以出现色是因为用了糖色，白卤不用糖色，但一样用香料，卤出来的东西是咸鲜味。

回过头来继续说说制作。待卤牛肉晾冷以后，用刀将其切成厚片，约筷子头粗细或更粗一点，再切成条，一寸长短就好。"这道菜入口会越嚼越香，让人回味无穷，是佐酒的佳肴，但是要记住，一定要用横刀切，避免顺筋咬不动。"师父补充道。

卤好的牛肉切成条以后，要根据肉的多少，在锅中加入适量的油，烧热，然后将肉放下去炸，将里面多余的水分炸干，直到表层起干壳；随后在锅里留一点油，葱、姜下锅混合着炒香，然后再冷汤下锅，将肉盖住，顺便尝尝盐味是否合适，接着用小火慢慢收汁，待汁快要收干时，加一点糖进去，最后一直到锅里的水收干，这点很重要。胡廉泉先生就曾在《细说川菜》里强调，这汁到最后一定要收干，油和糖要稍微放重一点，油重，菜才不容易坏，糖重，可以缓解菜中的辣味。

这样一来，牛肉就已经咬得动了。接下来将辣椒面、花椒面放入锅里，若油少了，也可以再适量补充一点点，继续翻均匀；有些厨师也直接拿红油、花椒面和辣椒面拌匀。不管用哪种方式，都需要将牛肉晾冷，然后撒上炒熟的芝麻，这道菜才算大功告成。

原来一个不起眼的小零食居然也是经过这么繁杂的工序才得以完成，我不禁对它刮目相看。好在，师父告诉我，因为收干了水分，所以麻辣牛肉干是非常便于储存的，因此可以批量生产，以前他们在餐馆都是一次做几斤甚至十几斤，节省了很多时间和人力成本。

可是，我们在说到麻辣牛肉干时，也会提到麻辣牛肉丝，那这两种牛肉究竟有何区别呢？

确实，这个问题是很多冷菜厨师没有搞明白的。

胡廉泉先生说，它们区别的关键最主要是在"干"字上。较一般的炸收菜而言，麻辣牛肉干虽然不如牛肉丝那般脆，但是吃起来同样有嚼劲。而就形状而言，麻辣牛肉丝为细丝状，而牛肉干则为条状。所以呢，名字一字之差，在许多细节上却是有诸多不同的。

小食品，大舞台

那么，一个街头小吃如何摇身一变，成为席桌上不可或缺的一道下酒菜呢？

理由很简单——麻辣牛肉干，味道实在是太好了！

师父清楚记得，他小时候经常看到除了平民百姓在街边吃麻辣牛肉干，也有达官显贵派下人将它买回家，将牛肉干端上餐桌与亲朋共享。它与夫妻肺片、灯影牛肉有着异曲同工之妙，吃酒的人下酒，不吃酒的人品味。久而久之，这道街头小食品开始在一些餐馆售卖并逐渐登上了席桌。

这类下酒小吃，可使得酒桌上气氛更浓。有滋有味中，是生活点滴的呈现，是江湖故事的分享，是美食发展的历程。

后来，麻辣牛肉干也出现了一些衍生品，比如陈皮牛肉，只是做法上稍微有些调整，将肉切好，拿料酒、葱、姜、盐巴等码味，然后开始炸收，并要在其中加入陈皮，成菜不仅有着麻辣咸香的口感，也是陈皮味系列的代表作品之一。

另外，有人把麻辣牛肉干中的牛肉改成猪肉，也可以做成麻辣猪肉干；改用鳝鱼，可以做成麻辣鳝鱼。同时，素料也可以加以利用，比如麻辣豆筋，应用十分广泛。

"以前成都也有炸猪肝——酥肝，荣乐园的厨师在这酥肝的基础上稍微凉拌一下，做成麻辣味，就成了麻辣酥肝。"师父说，炸酥肝曾经在成都也很常见，后来一段时间还出现了商品化生产，花椒面、辣椒面等作料都可利

用。酥肝吃起来也疏松，比牛肉干还要松软。"以前军阀、官员都好喝酒，喜欢吃这些炸收类食品，方便快捷，若遇天冷，只需稍稍加热就可以上桌，实属下酒的佳菜。"

　　而今，麻辣牛肉干依然是佐酒佳品之一，其出现范围更加广泛，不仅小吃摊、家庭餐桌和高档酒店的宴席餐桌上有它，也作为休闲旅游食品和亲友间的馈赠礼品出现在各大小商店。试想，无论你是跟亲友家中小聚，还是重要的商务宴请，在推杯换盏中，那种"把酒话桑麻"的温馨抑或"煮酒论英雄"的豪气，有这样一份唾手可得而又无比美味的麻辣牛肉干贴心相伴，那是何等惬意啊！

陈皮兔丁——解馋又下酒

　　四川是一个出产兔子的大省，川人吃兔子的方式很多，其中陈皮兔丁作为川菜冷菜中的一道经典菜品，其制作方法有趣而严谨，味道麻辣鲜香，咸里带甜，既是解馋的美味，又是下酒的佳品。尤其它那特殊的陈皮香，总是让人念念不忘，回味悠长。

川菜独有的陈皮味型

说到陈皮，绝大多数四川食客都不陌生，因为四川不仅产柑橘，也有晾晒和保存陈皮的习惯，讲究一点的人家，可以将陈皮分不同年份保存，年代越久，价值越高。人们常将这陈皮用在烧、炖牛羊肉中，不仅可以去腥，还可以增添风味，久而久之，这加了陈皮的味道，逐渐形成了川菜中的一个独立味型。

陈皮味型，拥有咸鲜微甜、略带麻辣而同时具有陈皮香味的特点，多以陈皮、川盐、酱油、花椒、干辣椒、姜、葱、白糖、醪糟、味精、香油等调制而成。"烹饪时，陈皮用量不宜过多，否则回味带苦，以陈皮香味突出为度。在使用前，需用水浸软，使其香味外溢，苦味降低；干辣椒、花椒增加菜肴香辣、香麻味，并为菜品提色，用量不压陈皮味；白糖、醪糟汁仅为增鲜，以略感回甜为度。"（《四川省志·川菜志》）陈皮味型，能够单独以一个味型而存在，也就只有在川菜里面能够做到，其他菜系是绝对没有的。

陈皮兔丁是川菜陈皮味型中的典型代表菜之一，也是四川凉菜的代表菜之一，其独特的风味与口感，让人一旦吃过就不会忘记。师父时常会做这道菜，以盆为量，小心密封保存，待吃饭或小酌时，舀出一小盘。棕红色的肉丁散发出陈皮之香，让不喝酒的食客也会馋嘴。师父讲，一份地道的陈皮兔丁入口，"应该是煳辣椒的香辣、花椒的香麻以及陈皮的幽香"。

怎样才能制作出一份如此美味又特别的陈皮兔丁呢？

首先将宰好洗净的鲜兔肉砍成约三厘米见方的兔丁，加入料酒、生姜、大葱和川盐码味约三十分钟。码味期间，将干辣椒切成小节，与花椒、糖、陈皮等一起备好。待兔丁码味差不多时，在炒锅里面放入适量的油，烧热，然后将兔丁下锅慢慢炸散，等到兔丁颜色变白时捞起；待锅里油温升至六七成热，再将兔丁放下去炸，直到肉丁从白色变为黄色时，再全部捞出。此时，锅里还留有适量的油，把事先准备好的干辣椒和花椒、陈皮、姜下锅，炒出香味后，下兔丁然后加汤、料酒和糖进行调味，大火烧开，小火慢收，这个过程就叫作"炸收"。将辣椒、花椒、陈皮、油、盐等味道一起煸进肉丁，兔丁再次滋润。

对于土地肥沃、物产丰富的四川地区来说，兔子养殖是非常普遍的。兔子属于高产动物，一年之中，一只母兔可以生产三到四次，由于生长周期比较短，比较好喂养，再加上兔皮、兔毛等亦可自用或销售，养殖兔理所当然地成为许多家户人家的经济来源之一。所以，兔肉在四川地区也不分季节，随时都可以吃到。

关于这道菜的陈皮，在制作时，首先要将其切成小块，洗净后用水浸泡。水和陈皮一起下锅，让香味在水和温度、时间的作用下，慢慢发挥到极致。陈皮的香味是一种挥发性的油脂，与水相融后，味道和口感就慢慢被收入肉丁里。师父说过去大家都用本地的陈皮，现在也用福建和贵州一带的陈皮，若是用保存十年以上的老陈皮，味道自然更好。虽然成本相对较高，但毕竟陈皮在这道菜里所占比例很少，主要是取其味道，构成一种风味。"陈皮尽管有香味，但同时也有一定的苦味，所以在做陈皮味的菜时，用糖的比例要稍稍重 点，同时，陈皮属于热补型食材，还会起到一定的药膳作用。"

"一炸""一收"是关键

"炸收"这一过程，是川菜独特手法的一种重要体现。在胡廉泉先生的《细说川菜》一书中有详细的解释："顾名思义，是先炸后收。炸收菜适宜批量生产，一次可以做十几份，几十份，可减轻冷菜供应的压力。炸收菜做一次可以用几天，方便，快捷！炸收菜品种很多，像荤菜中的陈皮鸡、花椒鸡、花椒鳝鱼、麻辣牛肉干等等，炸收菜蔬品种也不少，比如收豆筋等。"

"炸收菜中所谓的收，就是加汤、加味，收入味，收软和。炸收的概念再说直白一点，就是炸定型，收就是收还原。在炸的过程中，兔肉会脱一定的水分；在收的时候，因为有汤汁在煮，肉质又收了一部分水回去，变得具有滋润感。"在讲陈皮兔丁这道菜时，胡廉泉先生更加详细地解说道。

在师父看来，这道菜的关键点就在于"炸收"。首先是火候，不能用急火，这样兔丁很快就被炸干，影响口感。其次，在收的过程中一定要用小火慢慢烧，这样陈皮的香味和滋味才能更好地挥发出来，辣椒、花椒等香味也才能够更好地焌进肉里。当然，在炝炒干辣椒和花椒时，火候的掌控十分重要，火

太大，辣椒和花椒容易很快炒煳，如果发现火力太大，就将锅端离火来炒；如果火候不够也需要适当加大，这样有助于炝出味道来。再次，在"收"的过程中，不能收得太干，锅里一定要留一点汁水，可以保证兔丁更有滋润感。

同时，糖色也有一定的讲究，尤其是糖与糖汁的合理利用，有着色与调味的功效。那么到底是下糖还是糖汁好呢？

师父与胡廉泉先生对此进行了一番研究。陈皮兔丁的着色主要体现在"收"这一过程。"收"时，食材在锅里面加热时间较长，直接下糖汁，容易导致糖在锅里第二次煳化，产生一定的苦味。因此，一般加热较久的食物，下糖的效果会比下糖汁更好。师父说我们平常做麻辣味较重的食物时，也可以在适当的情况下，加点糖来减少和中和辣味。

胡廉泉先生也特别强调，做陈皮兔丁这道菜时，不能使用酱油与猪油，这两点非常重要。如果在里面加入酱油，色泽会翻黑，影响菜品的颜色；而猪油是一种很容易凝固的物质，如果做这道菜时加入猪油，很快就会因为温度的降低而凝固，同时也会变得糊汁，不够清爽。在"收汁"结束起锅时，可淋上一点芝麻油，以便进一步增加香味。

师父说，陈皮兔丁属于冷菜，热吃时味道就已经很不错，但是放冷后味道更佳。从前，人们习惯用陶瓷罐装陈皮兔丁，用盖子小心盖着，防止跑气，第二天要吃时，再将勺子伸进去搅拌均匀，盛出，以肉为主，最后又再搭配上少许的辣椒和花椒作为陪衬。那陈皮的香味，可勾起食客的无穷食欲。

冷菜——川菜的半壁江山

在中国的八大菜系中，川菜作为菜品种类极其丰富的菜系，拥有着独具特色的魅力。热菜与冷菜相互结合，其中冷菜占到了川菜的半壁江山，这是在其他菜系中绝无仅有的。陈皮兔丁作为川菜冷菜中的一个菜品，在餐桌上的历史也很悠久。我的师父与胡廉泉先生对曾经的冷包席印象极深。

说到包席，现在基本只有川渝地区还保留有这样的叫法，师父与胡廉泉先生曾经考察过许多地方，都没有像四川一样——冷菜、热菜等统统具备。现在的人们，已经基本上没有了"席"的概念，很多人也已经不知道什么叫作"席"，或者摆一桌子菜就叫作"席"了，而真正的"席"，无论在走菜上，还是座次上，都是有规矩的。

"作为一个有经验的厨师，在下单、编排次序时都有相应的规矩。走菜时也会考虑到有意要给客人带来一些不一样的感受。"师父说，曾经成都的南堂馆子对现代川菜的影响颇深，他们在座次等细节上，做得十分讲究，显得比较有档次，食客们的体验都非常好。后来，成都的一些餐馆也都学习南堂馆子的这种格调。而南堂馆子，最早叫作南馆，也并不是包席馆，后来就改成了"南堂"，承包席桌，并逐渐扩大规模，从冷包席到热包席。

最早的冷包席并没有座场，更多的是上门服务，即在厨房里面将食物先加工为成品或者半成品，然后再送到客户家里，就像陈皮兔丁和花椒鸡等，属于成品，送到客人家就可以直接装盘上桌；有些送过去后需要再切、拌、炒、烫的，或者需要上锅现热现做的，就属于半成品。王旭东老师曾经回忆说，早年他的一位亲戚结婚，当时就是属于冷包席。几个厨子挑着酒席担子，一边是食物的成品或者半成品，一边是杯盘碗盏，包括蒸笼等。到了主人家后，现场搭灶吊汤，整整搞了两天。由于主人家没有那么多桌子，也是各个邻居家借过来的，十分热闹。

以前成都城区包席的消费者并不多，因为费用较高，普通老百姓很难有能力消费，而真正规模较大的，还是要数农村里面的坝坝宴和九大碗。像陈皮兔丁这类的冷菜，开始准备时，要批量地制作和提前摆盘，要不然等到上桌时会特别头痛。如果有一百桌，每桌六到八个冷菜，那就需要准备六百到八百个菜碟子，而且需要荤素搭配，一样一半，岔色、岔形、岔味，不同味型，工程量非常巨大。

师父曾经在美国工作过很长一段时间，由于文化和饮食习惯等原因，那里的包席数量更少，只是偶尔会有一两桌"party"（聚会），且都不会太重视桌子上的冷菜。按照传统的做法，结合当地的物产，师父将陈皮兔丁改为陈皮大虾，趁热端上餐桌。

而今，陈皮兔丁早已从席桌间跳跃出来，成为一些餐厅单点的下酒菜。当然，在发展的历程中，一些厨师也有了自己的想法。比如在"收"的过程中，辣椒和花椒添加较多，但又不能够直接食用，如果每次做完后倒掉了会很可惜，厨师们就将它们都收集起来，在第二次做这道菜时再加以利用。也有部分厨师，用辣椒面和红油来代替"收"这一过程，或者从表面上来掩盖因为没有"收"好而出现的瑕疵，这种做法，或许只是厨师们的一种自身喜好，而从另外一个层面来说，其实属于技术不到位或者懒惰导致的。从制作正宗川菜的角度来讲，师父是不太赞同的。

除了制作，这道菜在吃的形式上也发生了一些变化。早些时候，盘子里面所呈现的成品都以肉丁为主，辣椒和花椒为辅。而今这道菜再端上餐桌时，已经成了辣椒和花椒为主，肉丁为辅。没有吃过传统兔丁的食客们，总以为后面这种"在辣椒里面找肉"的吃法就是最正宗的，是一种特色，这样的想法不仅存在于食客中，连许多的厨师也不知道这菜最原本的做法与渊源。"但是不管怎样，不同的人有不同的做法，无论怎么做，好吃才是最重要的，好吃才是硬道理。"

灯影鱼片——妙趣横生

想必许多人都看过或了解过皮影戏，小小的角儿在灯光的作用下，形成自己独特的影子，再经过演绎人的手，呈现出一场独特而有趣的戏剧。在四川的美食中，也有着灯影的故事，但这故事并不是靠演绎出名，而靠形与味占领川菜江湖一席之地，其中之一便是灯影鱼片。

选择草鱼最适合

在没有见到师父做这道菜前，我对灯影鱼片的概念还较为模糊，直到师父将这道菜端上桌来，我才见到了其真正面目：白色餐盘里薄而呈半透明状的鱼片，伴着辣椒油浓浓的香味扑鼻而来；些许白芝麻点缀在红红的鱼片上，十分惊艳。

师父说："灯影鱼片在席桌上是一道下酒的凉菜。口感酥香、酥脆，再加上有香有麻又有辣，特别适宜下酒，酒界朋友都喜欢。另外，这东西有些娇气，力气稍微大了点，就容易破碎，所以在摆盘的时候也需要特别小心。一定要选择相对完整的造型好的摆盘，不要有碎渣，如果摆出来的鱼片是透明的，那就是对了的。"

可这灯影鱼片，究竟是怎么做出来的呢？

就选材而言，在成都平原，草鱼比较适合做这道菜，肉头厚，背型宽。将鱼头去掉后，从颈部取两边的大肉，再去掉鱼刺、肋骨、背脊骨，只剩鱼肉，这是背窄、刀型偏薄的鲫鱼、鲤鱼所难以做到的。

鱼片切好后，将它们铺整开来，拿到外面去晾晒。这个晾晒，不要求晾得太干，一个小时左右，将水收一点就行。接下来就放到油锅里浸炸，水分

一失，就看到一张张鱼片呈现出金黄色来。

我注意到，鱼片在油温的热度和脱水作用下，开始变得透明起来，师父说这一步骤最关键的就是油温不能太高。"若油温太高，鱼片下锅就会变黑变煳，所以需要冷油下锅，让油温慢慢升高。这种浸炸的方法，外地叫作'氽'，他们炸花生也是一样，称作'氽花生'。而我们的鱼片在油里浸炸时，比浸炸花生的速度要快一点，在短时间内就可以变得又干又熟，而且还定了型。"

鱼片炸好以后就开始上味。需要将盐巴与白糖打成粉状。此时我就生出了疑问，盐巴与白糖，本身就已经是粉状，这还不够粉吗？师父说："这样的粉肯定是不够的，其颗粒还很粗，需要用碓窝春，要像以前做白毛蛋糕的糖粉那般细才行，才能让盐和糖更容易粘在鱼片上面。"原来，由于鱼片非常薄，更细的盐巴和糖撒上去后，才不会明显影响其透明度和口感。而炸好后的鱼片，也基本上就是加盐粉、糖粉和少许花椒油、红油，做成咸鲜味，淡淡的咸鲜麻辣中，有着回甜的感觉。而今市场上有了加工好的盐粉、糖粉，再做这道菜时步骤上就更方便，鱼片炸好以后，盐粉、糖粉撒上去，上点花椒油和红油，再撒点芝麻，香脆之中，咸鲜为主，麻辣回甜，就着它抿一口小酒，那真叫一个享受。

极高的刀工和火候要求

这道菜端上桌后，常常让食客惊叹的首先是它的视觉效果，"一定要看得出透明，虽不能像真正的玻璃那般透彻，但好的刀工和浸炸流程，会给这灯影鱼片加分不少"，师父说。

片鱼时，一定要打斜刀下去，切成斜片，保持五到六厘米长，四到五厘米宽，且一定要薄，极薄。按照要求，每张鱼片出来，大小一致，不能起花、起眼子、起梯子坎、起波浪形，必须要保持平整方正。这就要求厨师的手必须要保持平稳，唯有手平稳，片出来的食材才够均匀，薄而不烂。

"如此高超的刀工要求，对于一个普通的厨师，大概需要学习多长时间才能达到呢？"我问师父。

师父说："能干一点的，三五年可能就学会；根基差一点的，可能十几年都做不好，这个不仅要看悟性，还需要看基本功，毕竟这道菜也不是经常做，所以相对就更难一点。

"其实，对于一个厨师，刀工是一项基本功。我们做的每一道菜，几乎都要从'切'开始，如果刀工到位，那切出来的食材就粗细均匀，在烹制过程中，更能将菜的口感、味道、形态等做到极致。关于这个问题，如今一些食客或者厨师觉得，一个厨师的刀工就像一种杂技表演，卖弄的成分多，这种观点其实是种误解。当然，也不排除有些厨师喜欢在刀工上面加入作秀成分，就像提着半桶水的娃娃，不懂得收敛或者沉淀。"师父的话意味深长。

师父非常擅长刀工，这在业界早有公论。但这样的好刀工可是十年磨一剑的不懈操练方才达到的。"以前每天早上，采购员从市场将肉买回来，厨师们就必须得赶快把骨头剔下来分档，哪块肉是切肉丝的，哪些是切肉片的，都需要分理清楚；若是剩下了些肉渣，也需要马上宰成烂肉，做成丸子或者炒成臊子，就连肉皮子也是赶紧拿去煮了进行合理利用，尽量发挥出食材每个部位的最好价值。在分肉的过程中，下肉的纹路也需要仔细研究，究竟是横筋还是顺筋，是做水煮肉片还是做连锅子，都会在刀工上有所区分。"

听师父说过，1977年时，他曾参加餐厅举办的技术比赛，在刀工比赛中，八人参加半片猪去骨，师父拿第一名。其中将猪的骨头全部剔完，用时两分十七秒；切肉片一斤，用时一分三十秒；切肉碎一斤，用时两分十四秒。

而今，大多餐厅都不再需要厨师自己砍肉或者砍鱼，全都交给中央厨房或者配送公司，拿到手上的都已经是分配好的，鱼头是鱼头，鱼尾是鱼尾，鱼片也可以全部片好，如果有其他要求也基本上都可以满足。因此，如今能有一手好刀工的厨师可谓少之又少了。

对于这道菜而言，虽说刀工这一点上，有着中央厨房等外援团队来支持，但是浸炸过程就需要厨师自己来把控。"这道菜十分考究火候的利用，因为鱼片极薄，稍不注意就会炸过头，就很难吃，有可能因为最后两秒钟，就让你前功尽弃，全部报废。"

来自民间小吃的灯影系列

灯影鱼片这道菜，作为灯影菜系列中的一种，最早并不是一道席桌上的凉菜，而是一道民间小吃。

四川的小吃品类繁多，口味丰富，且大多起源于民间，灯影系列包括灯影牛肉、灯影鱼片、灯影苕片、灯影土豆片等也不例外。事实上，灯影鱼片也是在灯影牛肉的基础上衍生出来的，要想知道灯影鱼片背后的故事就要先从皮影戏和灯影牛肉说起。

成都人称皮影戏为灯影戏。师父参加工作以后，就慢慢学会了做灯影牛肉这道传统菜。师父说，这"灯影"实际上是指灯影的屏幕，因为它有着透光或者相对透明的特征。

师父最早开始学做这道菜时，达县的灯影牛肉让他受益匪浅。那时达县的灯影牛肉甚为出名，以小吃的形式在四川各地热卖。20世纪60年代，师父曾在金牛坝司厨，看见一位达县女子在一张桌子旁边片牛肉，不长的时间，一张又薄又大的牛肉片就从她的刀下出来，刀工十分了得。肉片片出来后，女子将其铺到筲箕上晾干，然后放到炉内烘烤一小段时间，熟透后再下锅油炸，而后进行拌味。那时候，她也是用的盐粉、糖粉、花椒油、红油等一起调味，味道极香。

"以前灯影牛肉都是路边摊的小吃，也被叫作香辣嘴或香香嘴，味道以咸鲜为主，麻辣俱全。"这是师父最早吃灯影牛肉时的印象。在他的记忆中，以前卖灯影牛肉的商贩都有一个宝龙盒子，他们在盒子前吊一片肉以显示刀工，再在肉片后面放一盏亮油壶，让食客可以透过这肉片看到灯的影子。过去的商贩也都喜欢给顾客耍点花样，一般待天黑以后再把灯摆出来，晚上酒鬼也多，二两酒配点灯影牛肉，很是快活。

据胡廉泉先生考证，灯影牛肉在清末民初的时候就已经有了。那时候还不叫灯影牛肉，用的是鹿肉，叫作"撑子鹿张"。人们将鹿肉片成一张张薄肉，用竹签子把它撑起，跟我们编风筝一样，然后晒干。晒干后就成了一张一张的肉。另外一种较为普遍的做法，用牛肉制作，但不叫灯影牛肉，而被

叫作"钉片牛肉"，这"钉"字较为生僻，就是油灯的意思。还有一种类似灯影牛肉的小吃，在传统的川菜里面被称为晾干肉。这肉在被切成薄片以后，码了味放在筲箕上晾干，然后下锅一炸，做法与灯影牛肉相似，也有着相似的视觉效果。这在它的发展演变中，其称呼或者细节有些微的区别。重庆地区有灯影牛肉；自贡也有灯影牛肉并已成为非物质文化遗产，但自贡的牛肉主要还是指火鞭子牛肉；而达县的灯影牛肉，在民国时期就已有售卖，相传还与唐朝时期白居易的朋友元稹扯上了关系。但不管从哪个方面，都足以说明灯影牛肉在四川地区小吃界的影响甚广。

灯影鱼片，作为灯影牛肉的一种衍生品，做法一样，口感、风味却大有不同。灯影牛肉以牛肉为主食材，因其纤维较长、肉片的面积大，刀工就相对简单，肉质也比较有嚼劲。但灯影鱼片就不太一样了，鱼片本身较嫩，对于刀工的要求就更加严格。当然，这牛肉与鱼肉本身也是各有风味的。

灯影鱼片作为一道非常讲究烹饪细节的菜品，不仅制作花费时间，同时也相当考验厨师的功夫，而一般的餐馆里忙碌的厨师就很少有闲来做此菜品，加之现在的很多厨师基本功缺乏，对这道菜的刀工和浸炸技巧掌控不到位，因此，也就只有相对高档的餐厅还在售卖这样的菜品。

而今，随着市场化的发展和广大食客的需求，灯影牛肉和鱼片等已经有了专门的生产基地来进行工业化生产。这样的方式，为部分餐厅解决了制作的问题，可以购买现成产品。只是这批量化制作出来的食物，纵使满足了大众化的需求，却也少了一些手工制作的韵味。

我也在想，为了适应、满足来自五湖四海的食客的不同口味，这一类菜也可以赋予它不同的风味。除麻辣之外，是不是也可以是咸鲜的、甜酸的、甚至是果味的。这样的鱼片还真有了点国际化的味道。

对于这样的一些想法，师父并不表示反对，他说："川菜就是这样子的，只有在实战中不断尝试与发展，好的菜品才能更好地传承下去，也才不会被大家所忘记，这不仅仅体现在灯影鱼片上，而是所有的川菜都是！"

我在想，这么考究的一道下酒菜，千万不能对不住好厨师的精益求精，我该拿什么好酒来配上它呢？

粗材精做

师父教我吃川菜

HOW TO TASTE SICHUAN CUISINE:
LEARNING FROM MASTER

舍不得——变废为宝

俗话说："舍得，舍得，有舍才有得！"这是四川话里教人做事的一句至理名言，但这名言也并非适合所有情况，比如在川菜里，就有真正的舍不得。"舍不得"作为菜名，听着有些令人纳闷，甚至百思不得其解。它，究竟是什么样子的呢？

何为舍不得

如今，师父已经七十有八，兜兜转转，大半个人生中，舍得与舍不得的，都在岁月的洗礼中成为一种沉淀。在我们的记忆中，真正舍不得的事与物随着年龄的增长越来越少，而接下来我要说的这个"舍不得"，则是川菜里真正舍不得的食物之一。

何为"舍不得"呢？其实就是我们平常所吃的食材中，常被人们丢弃的那部分。师父是个惜福之人，常常将这些丢弃的食材看在眼里，舍不得丢，有时将它们进行精心制作后，端上餐桌供人们食用。或许有人会说："这些废弃的边角余料你们也看得上？"说实话，这些被许多厨师看不上的边角余料，无论从食材的历史还是营养来说，都是传统川菜中的精华之笔。

就拿芹菜叶子来说吧！

现在的餐桌上，已经基本上见不到用芹菜叶子做的食物了，呈现出来的大多是芹菜秆子，比如芹菜炒肉丝、芹菜炒猪肝、芹菜炒鸡杂等，这秆子食用起来香脆微甜，口感甚佳，制作过程也不复杂，深受食客与厨师喜欢。而芹菜叶子就不一样了，大小不一、老嫩不均，无论从外形还是色泽来看，都较秆子次之，所以，后来的厨师基本上就将叶子丢弃了。可我的师父却不一

样，常常将这叶子视作宝贝，毕竟这叶子在许多老厨师的眼里，都有着属于它自己的烟火故事。

像我师父这般年纪的人都知道，"舍不得"系列的菜多年以来一直都流传在民间，是道家常菜。在物资匮乏的年代，人们生活清苦，能够使用的食材都需要物尽其用，绝不浪费。在师父年幼的时候，"舍不得"菜品系列，也是家里家常菜，母亲做的这些菜，他在吃下第一次后，就深深记在了心里，并留下不可磨灭的印象和回忆，除了菜本身，还有让人回想起来就要流口水的味道。时至今日，师父依然十分想念母亲和她做的菜。在那个清苦的年代，有吃的就要尽量吃，且不浪费任何食材。

芹菜叶子就是其中之一，人们在吃这叶子时，将老的、黄的叶子清理干净，在开水里汆一下后捞出来拌着吃，很是清香可口。师父也特别喜欢这样制作，师母更是常常将这叶子洗净后用来煮面，作用与小白菜叶子、豌豆尖等同，清香爽口，独具风味。

除了芹菜叶子，冬天里的青菜脑壳皮也属"舍不得"之一，人们将青菜皮剥下后，将最外面那层绿色的薄皮再分离出来，放在筲箕里面微微晾晒，待表面的水分蒸发掉一些后，切成块状或条状，然后加入佐料拌成菜品。这菜的味道又脆又绵，吃起来还"嘎嘎"作响，无论开胃还是下饭，人们都很喜欢。

"舍不得"的主料并不固定，而是随季节变换而变化。比如秋冬时节可以吃芹菜叶子，冬春时节可以吃青菜脑壳皮，夏秋时节则可以吃茄把子。说到这茄把子，不仅可以用来干煸，炒辣椒，还可以用来烧鳝鱼，这还是道名菜，除了茄把子，茄皮烧鳝鱼则最为典型。

还有一些"舍不得"是不分季节的，比如豆腐渣和大葱头的根子。

四川人喜欢自家做豆腐，当豆浆与豆渣起锅分开后，豆浆里面加少部分胆水就点成了豆腐，豆渣就没有什么用处了。勤俭持家的人们觉得浪费，就将豆渣过一遍清水，用来烧成菜，比如有名的豆渣鸭脯，豆渣猪头等；大葱头的根子（四川人也叫须须）也被人们普遍运用，将其洗净，用蛋黄糊裹着油炸，撒点川盐和花椒面，做成椒盐味，成品看起来就像一只大虾，厨师们就称其为炸素虾。

胡廉泉先生回忆说，20世纪50年代，他刚读初中，有一年去土桥农村劳动，住宿、吃饭都在农家，那时候伙食标准是两角五分钱一天，结果他顿顿都是吃的白米干饭加红薯，菜是红薯皮，主人把皮削下来，用点豆瓣和泡菜水，拌起就是菜。有时除了吃红薯皮，还有米凉粉，烧的、拌的都有。

从民间到大雅之堂的渊源之路

"舍不得"系列的菜品，最早只能在家里或者小饭馆吃到，后来被元富师兄带进了席桌，登上大雅之堂，这背后的故事也是实属难得的。

十多年前，芹菜叶子作为开胃菜和凉菜，第一次被元富师兄带上餐桌，其实也是缘分与巧合。当年师兄在一家叫"悟园"的高档川菜馆掌厨，师兄觉得作为一名优秀的厨师，除了自身过硬的本领，还需要在食材上面下功夫，见菜做菜，且不浪费。作为一名厨师，一路走来，技艺里包含了哪些东西，是否是个有心之人，最后都会一一体现在所做的菜品上面。人家说一个好的厨师是，没有被丢掉的食材，实在不能用的还可作他用。比如冬瓜子，以前都是可以取出卖钱的，冬瓜皮也是可以用来做药的。对这些被丢弃食材的更好利用，是一个厨师对食材的尊重与敬畏，也是对自己职业的尊重与敬畏。于是，"舍不得"系列菜品应运而生。

为了更加适合高端餐厅，元富师兄的"舍不得"并不是以一道菜的形式呈上饭桌的，而是做成了一个一个的小碟子，与不同的"舍不得"拼成一个盘子，不仅好看、开胃，而且十分可口。并且在"舍不得"被端上饭桌时，服务员都会给客人讲解，"这是我们舍不得丢掉的食材，所以就用心将它做成了美味的菜"。往往，能够勾起许多人尘封已久的回忆。

师父对元富师兄的这一壮举大加赞赏，他感慨道："现在的许多老师傅都还具备这些节俭的习惯，但很多的年轻厨师就不好说了，他们在食材的选择上不仅要选择新鲜的、好的，而且还特别善于丢弃，特别舍得往潲缸里面倒，将做菜时'物尽其用'的准则忘得一干二净。现在的厨师们做菜，除了主食，剩下的俏头、佐料等，都一大盘一大盘地倒掉，太浪费了。"

"舍不得"的具体做法与现实意义

接下来我们说说"舍不得"的一些做法。

从川菜的味型来说，芹菜叶子作为一种拌菜有许多种味型，比如麻辣味、酸辣味、糖醋味、糖醋麻辣味等。其中，酸辣是一个比较大众化的口味，将川盐、醋、红油、花椒面子加在一起搅拌均匀，若是加点泡涨了的粉条一起拌进去，就是另一种风味。芹菜叶子属于香菜系列，不仅香，口感也好。如果不喜欢吃辣的，也可以拌姜汁，用醋、姜、川盐一起来拌。

青菜脑壳皮的做法也是相通的，晾晒蔫了的皮子切好后，用川盐码味，待入味后，根据自己的喜好加点辣椒面、红油、花椒面等一起搅拌均匀，再加点醋后就成酸辣味了。有些家里也将这皮用来做泡菜，清脆爽口，十分开胃。

在拌菜的佐料中，用油是一个很重要的环节。人们在拌菜时，常常会加点生清油（菜籽油）进去，主要体现在家庭里面，特别是夏季时节。最明显的是激胡豆，必须要用生清油，同时拌仔姜、拌青椒，做"阴豆瓣儿"，也都必须要生清油。这生清油不仅是四川家庭拌菜里的一个标志性符号，更是

一个民间、市井的标志性符号。

为什么这里一定要强调"民间"呢？这里的民间是指以家庭为代表的拌菜，而各大饭馆、餐厅里面的拌菜是不用生清油的，他们往往更多地选择用芝麻香油。所以在川菜里面，有许多细节特别值得学习与研究。

除了用以凉拌，干煸也是做"舍不得"的一种方式。

茄把子在制作时，需要将里面的经络撕掉，稍微改一下刀，与秋天快要结尾的长辣椒一起下锅干煸，然后加点豆豉，再加入川盐，这道菜一出来也是下饭的好手。

所以，在过去的清苦年代里，这些食材被丢掉就显得实在是太可惜了。而今的许多家庭中，只要是有中老年人一起生活的，都知道制作"舍不得"是一种传统美德，不仅体现着我们中国人的勤俭持家，更展现了四川人做餐饮的思路之宽、变化之大、选材用料之广。

师父说，过去许多人都经历过物质生活的贫乏，对食物的印象会很深。如今过去了这么多年，很多人突然之间在桌子上见到这些菜，常常会唤醒记忆，"老年人能吃出曾经生活的味道，中年人能吃出儿时的味道，年轻人则能够吃出奶奶和外婆的味道"。

这些菜看似相貌平平，分量都不大，却能引起席桌上所有人的共鸣，这便是今天"舍不得"最具魅力之处。

软炸扳指——对于肥肠的最高褒奖

记得，有拍摄美食片子的导演在研究中国传统菜谱之后，曾专门向师父请教"炸扳指"。在元富师兄将炸扳指的成菜摆到他面前的时候，导演略感失望。

可能是传统的做法并没有达到他想要的视觉效果以及拍摄要求吧！但正因为他的这次失望，我却对炸扳指这道菜有了浓厚的兴趣。

拜师后的这些年，我不知不觉养成了一个习惯，只要对美食有疑问，便总是第一时间想到要去找师父问问。好在，师父总是不厌其烦地倾囊相授。

一定要选大肠头

炸扳指在川菜中风味独到，尤其在原料的选择上更是相当讲究，一般的肥肠是不宜制作此菜的，而是只选用肥肠最粗的那一段，也就是平常我们所讲的大肠头。

"只有大肠头这个部位，才可以保证菜肴应有的外酥内嫩口感。"为什么这样讲呢？我们知道，作为特殊烹饪原料，猪肠具有其他荤食原料很少有的特性，即"见生不见熟"。因为肥肠的缩水率极高，原料出成率是极低的。

一般来说，五百克的生肠待完全成熟时只有一百五十克左右，可见它的缩水率那是相当的高。那么，为什么会出现这种情形呢？直观来看，即使是同属肥肠范畴的原料厚度，也就是平常我们所讲的肠衣，壁滑肌（俗称肠肉）的含量是很不一致的。有的地方较厚如大肠头部位，有的地方又相当薄如正常的肠衣部位。一旦它们被制熟，薄的肠衣部位已成了一层厚厚的皮状，根本无法在内壁形成肉状物质，也就是根本没有什么厚度。肠壁较厚的

肠头就不一样了，由于富含壁滑肌，即使成熟以后，厚的部位也可以达到0.5厘米左右。只有这样状态的肥肠，经过清炸以后，才口感脆嫩。"因为，只有肉状物质才可以产生嫩的口感。而肠的表皮只能构成脆的特性，由于它质地较薄，其内含的水分也是很少的，在炸制过程中，才可被炸得质干，生成脆的口感。"师父向我解释道。

洗大肠是个技术活儿

这道菜除了对大肠部位有着严格的要求外，大肠头的清洗也很重要。作为特殊的烹饪原料，大肠头被人们排在异味之列，只有采取正确的洗涤方法才能将其异味最大程度地洗去。

将选好的大肠头翻面之后，抹上盐进行清洗。"那过去的大肠头，即使是加了盐也很难洗。因为，大肠头里面有好多糠壳壳粘在上面，要洗掉，很是费神。"师父说起洗大肠头，摇了两下头。

一般清洗四五次之后，便算是完成了第一步的清洗工作。但这只能算是把其表面，也就是说，肠肉外的异味去净了。那么，肠肉内的味道怎么去净呢？聪明的四川厨师采用先将大肠头码料蒸熟之后再炸的方法。

这个码料肯定是有讲究的。将大肠处理干净后以料酒、葱、姜、花椒去腥味，先用水煮去浮油，晾少许时间，再入蒸格，加同样的料酒、葱、姜、花椒，这个时候便可以加少许盐了，码好料上火蒸至软熟。

"现在，还有厨师用现成的卤肥肠直接拿来炸，简直是乱弹琴！"师父说到这里又来气了。这位川菜大师，对于自己钟爱了一生的这个行业，很多时候是既痛心又惋惜。

是炸扳指，不是软炸扳指

"我初入荣乐园时，菜谱里就有这道菜。"于是我问："师父，是软炸扳指，还是炸扳指呢？"师父十分肯定地告诉我："炸扳指。"

"因为川菜中的这道菜，扳指原料不经挂糊上浆，是用调料拌渍后投入油锅炸，是属于清炸。而软炸是将质嫩而形状小（小块、薄片、长方条）的原料先以调味品拌和，再挂上蛋清糊，然后投入六成热的油锅炸。两者之间是有着本质区别的。"

至于为什么要用"软炸"两字，则是不同的厨师有不同的称谓，没有统一的标准。如1964年成都市饮食公司技术训练班编写的油印资料《席桌组合》第25页，蒋伯春师傅开的"鲍鱼席"菜单和第35页李德明师傅开的"燕菜席"（一）菜单中均写为"软炸扳指"；而乐山市薛旺子店老板薛明洪先生提供的1977年四川省蔬菜水产饮食服务公司《四川菜谱》内部资料，第85页和第86页均写为"炸扳指"。

两者比较，显然"炸扳指"的菜名更严谨些。

"蒸熟的大肠头一定要凉一凉、收一收汗。这道工序，将直接关系到接下来的炸。"胡廉泉先生补充道，"收汗前的大肠头要趁热揾干水汽，再抹一次酱油，然后晾干。"

接下来，就是炸了。

为了保证扳指外观的饱满，炸之前还要先往里塞入大葱，并拿牙签往扳指上"扎眼子"。"塞大葱既可以让扳指保持外观的饱满，又可以让其吸收葱的香味。而'扎眼子'是为了避免在炸的时候，产生炸油的情况烫到人。我们那个时候，做这道菜的老办法是直接拿刷把（指过去洗锅、洗灶台的物件，一种劈篾成细丝然后扎成一束的竹刷把）上的签签'扎眼子'。而改革开放之后，到处都是牙签，后来就改用牙签了。"师父回忆道。

"炸的时候，油有六成热才可以下锅，炸一次，捞起来。待油达到七成热，再下锅，进行第二次炸的工序。这一次，扳指就会达到脆和酥的口感了。切记，油温不能高了，不然会炸煳。"听师父说起，不免口水直流。那个馋劲，可谓一位好吃嘴对于美食的最高渴望了！

炸好，捞起，这个时候便要把里面的葱取出。然后，可以淋上少许香油，使其色泽更加饱满。然后用刀直切成两厘米的段，摆入盘内，配糖醋蘸碟、葱酱碟。这里的葱是用大葱葱白先切成五六厘米的段，再两头砍成如花的形状，中间套一节泡红辣椒。也摆入盘内。再加点蒜片。蘸碟也可以调成椒盐味，这个就看自己的口味了。

摆好盘，一道色泽金黄、外酥里嫩的炸扳指，便呈现在食客面前了。

"对了，刚刚说的葱酱蘸碟，其实是为了改油，解油腻。"胡廉泉先生补充道。

"升堂入室"的炸扳指

这的确是一道口味极佳的好菜，为了一饱口福，我甚至自己还专门试着做过几次。并且为了保持扳指饱满的形状，炸之前，我还往扳指里塞入了三根大葱。

说起炸扳指，我还想起车辐先生曾在他的《川菜杂谈》一书中对这道菜有过如此评价："猪肠小吃之类，以猪大肠做菜，升堂入室，受人欢迎，得到好评的，当推炸扳指。"

为什么说它"升堂入室"呢？过去在四川一些农村，农民是不吃猪肠的，有的不习惯，有的忌讳。后来，它经高明的厨师巧手加工，清洗之，蒸煮之，然后入油锅里炸成金黄色既酥且嫩的扳指，再上以葱酱、椒盐、糖醋

等，吃法多样，大放异彩，身价百倍！

  这道菜不仅在国内被列为名菜，在海外也享有盛誉。据胡廉泉先生讲：20世纪30年代的成都少城公园（今人民公园）内，有一家餐馆叫"静宁饭店"。当时，名厨蒋伯春和他的师父傅吉廷在静宁饭店司厨。饭店的附近有个"射德会"，也就是射箭俱乐部。那时蒋伯春才十几岁，干完手上的活儿，没事的时候便经常去看人射箭。那段时间，他刚刚发明了一道新菜，叫"炸脆肠"。在少城公园待的时候久些，便自然会被当时的文化氛围所浸染（那时，成都的展览基本上都在少城公园办，聚集了不少文化名人。而参加射箭俱乐部的，一般都是有身份的人），他总觉得这个名字太直白，不太文雅。有一天，他再次去射箭俱乐部看人射箭的时候，从射箭者套在拇指上的护手借力之物"扳指"上得来灵感，于是，我们从此便有了"炸扳指"这道菜。这一说法，虽没有文字记载，但到目前为止也没有人反驳。至少，这道菜是蒋伯春师傅创制的说法，是得到行业认可的。

当时中国"网球大王"林宝华第一次尝到此菜便赞不绝口；有"傻儿"之称的网球爱好者范绍增，长期在静宁餐馆吃早饭，供养一批网球健儿如郑祖驹等，也少不了点这款名菜。抗日战争中"足球大王"李惠堂同东方足球队一干人马来到静宁餐馆，吃到这道菜，异口同声地喊道："再来一份。"

而要说起此菜，还不得不说徐悲鸿和张大千这两位著名画家。此菜为徐悲鸿的最爱。据记载，张大千先生对于炸扳指更是爱不释口，平时在家里最爱做此菜，宴请张学良时菜单中还特意加入这道色泽金黄、外酥里嫩的炸扳指，可见大千先生的喜爱之情。

经厨师精心烹制的炸扳指，身价自是高"肠"一等，不同凡响，至今这样精彩绝伦的美味之食，仍令人回味与难忘！

在传统的基础上创新

据师父讲，在20世纪70年代，我的师爷张松云先生在炸扳指的基础上又开发出宫保扳指和鱼香扳指。前期制作一样，就是后期在锅里把鱼香味或宫保味底料起好，待扳指炸好之后淋上去。

师爷张松云先生，是一位对于烹饪美食十分善于总结与发挥的川菜大师。他老人家最喜欢的就是每到一个地方，就非常留意当地的美食，凡见到有特色的菜，他就带回来然后在此基础上创造发挥出新菜品。今天，既然说到这里来了，那也就顺便谈谈我个人对于川菜的创新与发展的一些见解吧！

川菜，在传统的基础上发展，首先要把传统搞清楚。因为，创新必须要有一个基础，创新的基础是什么，就是传统。

就拿这道炸扳指来说，前文我曾提到按传统方法做出来的炸扳指的视觉呈现略感失望。因此，我也考虑到，这道炸扳指，如果要在今天的餐桌上，再次以"全新"的姿态与食客相见，那么，在视觉上的表现它应该是什么样的呢？

味道是好味道，但美观也很重要。我想，这道菜应该比我后面要讲到的豆渣鸭脯更好表达。至于具体要怎么去摆盘，怎么设计，就交给我师兄张元富来完成吧！

"但是，这几年，大肠头不好找。工业化宰杀之后，大肠头都直接卖给肥肠加工的店家了。"元富师兄对于食材的来源，提出了他的担忧。而且，如果要让这道炸扳指达到以前的要求，则需要养足二百八十到三百天的猪，这样的猪的大肠头又到哪里去找呢？

"猪的问题，应该好解决。现在不是都流行吃生态跑山猪吗？"其实，我担心的是如何才能够像20世纪30年代那样，调动起吃炸扳指的文化氛围。

而要让炸扳指再度火起来，不仅是川菜大师需要考虑的，也是美食家、文化人需要共同努力的。"炸扳指，是对肥肠的一种最高奖赏！"元富师兄的这句话，可以说是对这道菜的最好总结。那么，品炸扳指，则是对美食家的一种最高礼遇了！

网油腰卷——烟火气中的奇香料理

师父常常跟我说：过去，川菜对于烹饪原料的选择，无论是从多样化上，还是质量要求上，都是他方菜系所不能比的。"你无我有，你有我精"。这一各方菜系都在苦苦追求和努力实现的选料规则，早已在川菜中得到了令同行们瞩目的验证。

比如，网油腰卷这道菜。

何为网油

第一次听到这道菜的时候，我就对"网油"这一食材十分好奇。

什么是网油呢？说得通俗一些，就是猪的膛油，因形似鱼网状故得名。说得严谨一些，就是取自大网膜脂肪的猪油，民间亦称作"水油"，在制作菜肴时当配料被经常用到。"而这猪网油的油脂与一般植物油相比，有不可替代的特殊香味，可以增进人的食欲。"师父告诉我，"网油本是平常之物，几乎是没有什么用处的。然而，就是这个被同行们公认为是下脚料的网油，却被川菜厨师们慧眼识材，派上了大用场。"

听师父讲，在川菜中"网油"入菜历史较久，早在他当学徒的那阵子，网油鸡卷、网油虾卷、网油鱼卷等就已十分盛行了。以前，不仅酥炸类菜肴，甚至烧菜也有用网油的，比如红烧卷筒鸡、网油鸭卷便是将食材用网油包裹炸了之后，再拿来红烧。现在，随着时代的发展，在我看来，只要卷出来的东西既好吃又讲究便可以了。

客观地说，猪网油在普通老百姓眼中的确没有猪肥膘的名气大，但它在好吃嘴的眼里，却是上天所赐予的众多食材佳肴的一味"提升剂"。用猪网

油烹制菜肴，不仅能使菜肴的香气更加怡人，最关键的是可以无形中提升食材本身的鲜滑度，使其口感更润。

"就拿清蒸鱼来说，以前的老师傅都爱用网油包裹鱼。如果在你面前摆两条同时出锅的清蒸鱼。你不需要用眼睛看，闻一闻就知道该选哪一条了。"好吃嘴听到这里的时候，肯定已经在咽口水了。哪知师父继续滔滔不绝地说了起来："在传统菜肴中，猪网油被赋予的责任很多，尤其是烹制煎炸或熏烤类菜肴，食材在网油的包裹下，还未出锅就已经是香气四溢了。吃起来更是酥脆可口、外焦里嫩、外酥内烫……总之，用什么形容词都不为过。"

关于"网油"的故事

而关于"网油"，这里要说的故事就有点多了。

远到，宋代著名的大文豪美食家苏东坡先生发明的"网油卷"。

据常州名小吃"网油卷"的来历故事，终老于常州的大文豪苏东坡一天在食米团时，忽发奇想："若内藏以豆泥，外裹以'雪衣'，如糕团之炮制，改蒸煮之方为炸熘之法，岂非佳肴乎？"于是，这位美食家尝试着亲自下厨，几经周折，终因未完全掌握"雪衣"（蛋泡糊）制作之技，只能以蛋清包裹，成品不甚理想。后来，经常州名厨反复揣摩，才慢慢演变成今日常州名点——网油卷。

可见，我们的大文豪苏东坡先生对于美食的追求，跟他写诗作词一样是充满想象力的。而经他创制出来的美食（最著名的莫过于那道"东坡肉"了），也跟他的诗词一样豪放不羁，流传甚广。

近到，六十年前川菜大师陈松如先生做过的那道毛主席爱吃的"网油灯笼鸡"。

据陈松如先生回忆："那是1959年初冬，当时我受饭店的委派去中南海司厨。一开始，并不知道那天是要给毛主席做菜，只知道是给很重要的中央首长主厨。于是，我在饭店准备了网油灯笼鸡、黄酒煨鸭、家常臊子海参和其他几个菜，共一桌十人的量。到了中南海才知道，原来是毛主席要宴请几位年事已高的党外民主人士。"

那天宴会结束时，工作人员对他说："主席对你做的网油灯笼鸡特别感兴趣，认为很好吃，并叮嘱要把中午没吃完的网油灯笼鸡留到晚饭再吃。"打那之后，陈松如又曾经三次去中南海给毛主席做菜。

后来，陈松如大师又在当时的四川饭店开创了网油菜肴龙头菜——鱼香过江网油虾卷。"鱼香"是菜肴的口味；"过江"是川菜特有的行业用语，指蘸汁而食的方法。

网油平整，腰卷裹紧

以前的人都爱说，"选网油，最好是选择刚宰杀的猪身上取下来的，保持清洁无破损为佳。"可现在成都猪网油不好找，机械化加工之后，好多都直接拿去生产油了。

所以，要买到新鲜的猪网油，就需要厨师跟卖猪肉的大户提前打好招呼了。"猪网油选好之后，先小心翼翼地把网油杂质去掉，再放入清水中把血水及血红之色漂洗干净，使网油洁白、全无半点红色。然后，将网油捞出，把水分挤一下，晾干水分。再一张张地平铺在砧板上，边缘修整齐，油厚的地方适当片薄或是用刀背轻轻捶平。因为，厚的网油是不易炸香、炸酥、炸脆的。最后，才是将其切成长三十厘米、宽十二厘米的长方块，一般弄三张，裹上蛋豆粉（用鸡蛋、面粉、干豆粉加入适量的水调制而成）。"如此细心且认真的操作，听得我入神。心中也不由佩服，师父就是师父。他老人家都那么大岁数了，但一说起以前做过的这些传统名菜，仿佛是昨天才发生的事情一样，记忆犹新。

"以前在荣乐园的时候，我除了研究菜谱、学习各种菜肴，其他也没什么业余的爱好，一不打麻将，二不好酒，一门心思都在菜上。人生在世，不就是活到老学到老么？"现在，师父虽然退下来了，但仍没有丢下他热爱的这门手艺。

至于腰卷是什么，想必，很多年轻一代的人对这个词语有点陌生。"春卷倒是听多了，可腰卷还是第一次听到。"不过，如果你看完了整个"网油腰卷"的制作过程，便会深刻体会到"春卷"与"腰卷"两者仅一字之差却

是云泥之别了。

　　猪腰，作为这道菜的主料，选材是有讲究的。首先，要看猪腰表面有没有出血点，如果有就不能用，一般情况下，要选表面光滑而且色泽比较均匀的猪腰。另外，还不能选又大又厚的，以及里面模糊不清的。检查方法一般是切开猪腰看里面的白色筋丝与红色组织之间是否模糊不清，如果不清，那就不要用了。

　　接下来，将选好的猪腰撕去表面的皮膜，片成两半，剔去腰臊，片成三毫米厚的片，再切成丝。接着，就把选好的猪肉（按照以前师父做此菜的经验，以肥瘦相间的半肥瘦猪肉为佳，过肥则腻，过瘦则柴而不嫩）、冬笋（或玉兰片）、姜、葱白切成丝，加盐、花椒粉、胡椒粉，与猪腰丝一起搅拌成馅。

　　这个时候，就可以把拌好的馅，放在网油的一端，裹成直径两厘米长的圆筒。卷成一筒后，切断网油，接缝处用蛋清浆粘紧。"一般来说，卷的技术难度不大，但要做好也不容易。首先，每个卷内所放入的馅料要匀称，形体大小要大致相等。其次，必须卷严实。裹网油时手劲不可松，接缝处要粘紧，不然入锅炸时接缝处裂开，油就会从缝隙进入网油中。这样的话，将直接造成菜肴生腻。"师父专门提醒道。

接下来，便可以按照以上步骤再卷另一筒，直到三张网油卷完为止，并把卷好的腰卷外滚上一层干豆粉。紧接着，就要开始下锅"炸"了。

关于"炸"这一烹调方法

"炸"是一种旺火、多油的烹调方法，在各菜系里均有。

"这炸法，既是一种能单独成菜的方法，又能配合其他烹法，如熘、烧、蒸等共同成菜。按菜肴的质地要求，有清炸、软炸、酥炸之分；而从火候的运用上分，又有浸炸、油淋等法。我这里就着重讲一下酥炸，因为'网油腰卷'恰恰就是酥炸的代表菜肴。"胡廉泉先生曾经在他参与编写过的《川菜烹饪事典》里，对于"炸"有详细的描述。

"网油腰卷就是典型的酥炸。"师父十分肯定地告诉我。

酥炸，这一技法由于原料挂糊，炸时形成酥脆薄膜，包封住原料内部水分，保持了菜肴的鲜美滋味，因此成为炸法中比较有代表性的技法。特别是菜肴质感，较其他炸法酥松得多，故名"酥炸"。

酥炸所用主料一般都是易熟的鲜嫩原料，如鸡脯肉、猪里脊肉、猪肝、猪腰以及鱼、虾等。所用的原料都不能带骨头，如有骨头就必须剔出。同时，根据炸的需要都要加工成小块、小片、细条、细丝或剁成泥状馅料。而且加工的刀口宜薄、宜细、宜小、宜碎。加工成型后一般配以蘸碟食之。原料码蛋豆粉或水豆粉，或扑干豆粉、面包粉、米粉，或用豆油皮、蛋皮、猪网油等包裹成卷。此外，还可以采用片至细薄的肉片、鸡片、鱼片和大白菜叶等做卷。凡用外皮包裹成为卷筒形的称之为"卷"，包裹成长方形、方形、三角形，或像生形（如鸡腿形）就叫"包"。用糯米纸或玻璃纸包裹的则称为"纸包"。

而用此法创制的名菜有：蛋酥鸭子、锅酥牛肉、桃酥鸡糕、网油鸡卷、鱼香酥皮兔糕、炸虾包、炸春卷、软烧方、炸蒸肉等。

"不过，关于这道'网油腰卷'，以前的菜谱书上写的是'软炸腰卷'，不准确。软炸是软的，要裹蛋清糊。而'网油腰卷'用的是酥炸之法，吃起来是外酥内嫩、酥脆可口的，还是应该叫'网油腰卷'。"在这一点上，师父十分严谨。这也是很多人（不管是川菜师傅，还是各方食客）敬仰他的原因之一。当然，我也在内。

炸，是这道菜成功与否的关键

"腰卷卷好，就到了这道菜成功与否的关键环节——炸。"正因为如此，师父每次在荣乐园炸制网油腰卷时，都是亲临锅旁查看，生怕火候不到位。

炸制时，油量需稍多，因腰卷淹没在其中才可受热均匀；油温需稍热，因为凉油是没有"冲力"的。用一句行话概括就是："温热炸其透（熟），热油炸其酥脆。"而网油腰卷的技术含量，除了体现在前面的几道加工程序中，最重要的环节就是炸了。炸的时候，对于油温和时间的控制，都直接关系到这道菜的质量。只有依靠娴熟的炸技才能在转瞬之间成功出锅入盘。反之，操作稍有不当，就会造成网油不酥不脆、腰卷不香、馅料香味不浓，菜的看相也因此生腻等问题……这些正好是此菜制作的大忌，单是其中一项就会使得前功尽弃。

"炸的时候，要分两次进行。先于油锅中微炸至定型断生捞起。需将粘在一起的分开，还要将腰卷进行改刀，切成三厘米长的块。然后，再用旺火、旺油迅速炸至皮酥色黄即成。另外，炸腰卷跟炸扳指一样，炸之前还是要拿牙签扎眼子，不然一样要炸油。"师父补充道。

待其色泽微黄时，便可捞出摆盘。"跟炸扳指一样，可以摆放花葱造型。蘸碟一般为椒盐和葱酱两种口味。"如此这般，一道既鲜香又不腻，既酥脆又化渣，且色泽微黄、诱人食欲的"网油腰卷"就算是成功了！

豆渣鸭脯——弄拙成巧

为什么是"豆渣鸭脯"？这个问题，我问了自己多次，都没有找到答案。于是，跑去讨教师父。当我从师父那里得知此菜的精髓和寓意所在之后，内心终于有了答案："凡料成珍，味美其中。"

豆渣如何"成巧"

熟悉川菜的人，大概都知道豆渣鸭脯这款菜肴。它有悠久的历史，在川菜漫长的发展过程中，此菜形成了独具地方风味的特色，深受喜爱川菜的食客和美食家们的青睐。

一个看似平淡无奇的食材"豆渣"，为何会受食客们争相追捧？

带着疑问，我找到了师父。师父听明我的来意，二话不说，摆开阵势：

"这豆渣，在今天看来就是做豆腐所剩的下脚料而已，按理是不可能做菜为人们食用的，更不要说能进入名菜佳肴之列了。"

首先，在认知上，现在的人就存在偏差。在食物匮乏的20世纪六七十年代，这豆渣可是好东西，还有一雅名"雪花菜"。不仅营养丰富，还极易觅得。不像我们今天几乎再难寻觅豆渣的踪影，更不用说品尝到豆渣鸭脯这一美味了。

要想明白豆渣为什么会化腐朽为神奇，就要先从"洗豆渣、炒豆渣"的制作说起了。回忆起当时在荣乐园制作此菜，师父娓娓道来：

先说什么是豆渣。是指黄豆泡软后，放石磨中磨细取浆后剩下的渣，即豆渣。然后就是洗豆渣。先将豆渣放在纱布中，再把纱布放在盆中，冲入清水并用手不停地搅动。师父告诉我，用于此菜的豆渣是不能含有一点点豆

浆的，因为豆浆熟后发粘，炒时容易煳。而随着盆中清水的流淌，豆浆也会随水而去。只要盆中水澄清，就说明此时豆浆已被洗净。然后，再把纱布一提，双手一拧一挤，挤出剩余的水分。当把洗好的豆渣倒入盘中时，只有色泽微黄，晶莹闪光，且渣状显而易见，这样的豆渣才算合格。而只有豆渣洗好了，才能奠定这道菜肴高质量的基础。

接下来就是复杂的炒豆渣工序了：起炒锅，刷净擦干并烧至温热。火力要温，豆渣才可炒匀，火力过大，水分便不容易炒出来，还容易炒煳，必须要温火温锅慢慢翻炒。豆渣下锅后，要拿起铲子不停地翻炒，随着豆渣受热时间的延长，内含水分才能变成水蒸气散失。师父一再说，炒豆渣绝对不能心急，不然，不是炒煳就是水分炒不干。煳了自然无法食用，但是如果炒不干水分，那么，豆渣也是不会有香气、香味的，更不会产生酥香的口感。

听到这里，我心想原来炒豆渣居然这么麻烦，真是一道"累死厨师不偿命"的川菜。突然灵感一现："师父，能不能用烤箱烤干豆渣里的水分呢？"师父立马来了精神，"你这个想法对。以前，我们是受条件所限，能够炒好豆渣的川菜师傅少之又少。现在有烤箱了，炒豆渣或许可以变繁为简了。"

"那么，现在的'松云泽'可不可以把豆渣鸭脯重现江湖呢？"我的心里，对这道菜又有了新的想法。是的，我虽不擅长做菜，但我可以从一位食者的角度为这道美食的再现，提供想法和创意。"如果真能够把炒豆渣的过程变繁为简，重出江湖应该不难。"元富师兄信心满满地对我说道。

是啊！这道菜现在基本上只有书上能够看到，虽表面上看卖相不佳，但贵在味奇。而今的川菜很多流于表面的辣椒和红油将川菜的本来面目掩盖了，很少有人能够真正懂得川菜的"真相"。所以，后来元富师兄才会说："真正想品味这道菜的人想必不在少数，我们可以大胆地尝试。"

慢慢地，我领会到，这道菜中的豆渣其实不是作为配料而是以主要原料身份出现的。人们食用此菜的主要目的，还是想一品豆渣之美味，这也正是此菜在川菜中久食不衰的根本原因。但是，现在能够做出这道菜的人屈指可数，而有条件出这道菜品的餐厅也难觅。心中顿觉，自己肩上的那份责任又多了一重。

此味只能川菜有

话说回来，炒好的豆渣再倒回盘中时已成沙状，全无水分，用手揉搓时有沙沙的响声。水分炒干只是过程，豆渣炒散、炒香才是目的。

豆渣为什么还要煮呢？"因为，完全没有水分的豆渣是很难吃的，此时煮渣可使豆渣酥软，并在汤汁的作用下，使原来失去水分的豆渣又重新吸收水分。另外，豆渣营养虽然丰富，但是它并没有味道。所以，加入奶汤、清汤煮过，使其获得鲜味。这里的奶汤、清汤也是有讲究的。"师父在说起煮豆渣的用汤要求时，专门提到了奶汤和清汤。

是的，祖师爷蓝光鉴老先生留下来的制汤吊汤秘诀里就曾说过：奶汤要猛（大火烧熬），清汤要吊（小火煨熬）。以前的厨师都是不可能用鸡精、味精来调味的，味精、鸡精对于名师大厨来讲也是慎用的。因此，川菜厨师历来都是十分讲究汤汁熬制的，自来行业中便有"无菜不用汤，无汤难成菜"之说。

为了让我能见识豆渣鸭脯的制作过程，师父决定亲自示范：

首先，取完整的水盆鸭一只，去掉头足，放入沸水中略焯，去尽血水后再入盆中加入料酒、盐、姜、葱、汤，上笼蒸后取出凉冷。

然后将凉冷的鸭子取出，去掉鸭身骨及四大骨，将鸭皮完整取下，皮面向下，铺于大碗中。接下来将鸭肉、冬笋、香菇均切成细颗粒，加入盐、胡椒、料酒一起拌匀，放入大碗中的鸭皮上，再加入蒸鸭的汤，盖上锡纸，上笼馏起待用。

将之前备好的豆渣用刀再剁细一次，热锅中放油，用小火慢炒，一直将豆渣炒香、炒酥、吐油成深黄色即可。

走菜时，取出蒸笼中的鸭子，去掉上面的锡纸。将碗中蒸鸭的汤滗入锅中，再加入适量的汤，倒入炒好的豆渣，混合炒匀。接着将鸭翻扣在准备好的大盘上，揭开碗将炒好的豆渣舀在鸭脯周围即可入席。

"这是一道调羹菜，即上席后是用调羹取食。因为此菜除鸭皮是完整的，其余都是颗粒或细丝状，所以此时用调羹取食最好不过。"师父示范完

制作过程之后，又跟我说起此菜的食用方法。

当听到这样的"酿菜"技术，我不禁连声称好，内心也暗暗佩服先辈们的创新和创造精神。聪明的川菜厨师以高超的烹调技艺，赋予豆渣化腐朽为神奇的力量以及少有的美味，才创制出了豆渣鸭脯这款鸭味鲜美、豆渣香酥、口感滑嫩的川味名菜。这才真的是，"原料本是出农家，精烹凡料亦成珍，此味只能川菜有啊"！

最后，师父还补充道："如果鸭子蒸后不去骨，那么这道菜就只能叫豆渣鸭子。"

豆渣鸭脯的历史源头

要说清豆渣鸭脯的历史源头，得先从1973年说起。

那一年，北京的四川饭店重新开张，名厨云集。"自打豆渣鸭脯在重新开业的四川饭店推出那天起，就一直被当作饭店的招牌菜来看待。一般档次的宴请和零点散客是很难吃到此菜的，只有那些够级别、上档次的重要宴会才会有此菜上席。"川菜大师刘自华在《国宴大厨说川菜》一书中，回忆自己当时初入北京四川饭店，跟随刘少安师傅学豆渣鸭脯时的情形，仍是激动无比。

当年，和"开水白菜"一起被陈松如大师带到新加坡的就有这道"豆渣鸭脯"。当时，人们还有些疑惑，豆渣也可以做菜？但当他们亲口品尝到此菜时，却完全被菜肴的难得口味和口感所折服。在十分讲究饮食营养的新加坡人看来，这豆渣细腻而不糙，且极富鲜美之味，这正好与他们的饮食理念相吻合。那个时候，豆渣鸭脯每天很早就订售一空，当地较年长的华侨华人更是以能食用到此菜为一大幸事。

"说到此菜的创制，还不得不提到那位曾经做过大军阀刘湘家厨的川菜大师周海秋。周海秋是我师父张松云的同门师兄弟，他创制的代表菜中便有一道豆渣猪头。"师父说起这道菜的历史源头。

豆渣猪头是一道传统川菜，但那个时候猪头难登大雅堂。于是，后来的川菜大师，从营养学的角度开始研究，将豆渣与鸭肉一同入菜。豆渣的蛋白质含量高，而鸭肉内的脂肪有不可多得的滋润补益之功，油气可使豆渣口感变软、口味更香。反过来，豆渣的酥香，也可以平添鸭肉的鲜香醇浓，两者可谓相得益彰，恰到好处。在豆渣猪头的基础上先辈们经过不断地尝试，终于创制出了这道著名的"豆渣鸭脯"。可以说，这道豆渣鸭脯正是体现川菜厨师聪明才智的绝佳之作。特别是豆渣利口化渣、醇香宜人的特点与鸭肉完美结合之后，使此菜更能体现"凡料成珍，味美其中"这八个字。

只要改得有道理，就要改

"如果贵在味奇，那我们还可不可以考虑，在装盘上进行改进和创新呢？"我想起祖师爷在创立荣乐园之初的最高指示："美食美器、重味重汤。"既然要让豆渣鸭脯重现江湖，就要在味道和视觉上都能"与时俱进""一鸣惊人"才好。

而且，在创新上，我们不仅可以试着做豆渣鸭脯，还可以尝试一下做豆渣鸭条，这也是一个不错的想法。元富师兄立马接过话："豆渣鸭条，从量上来讲，显得精致一点，摆盘上也更能体现出菜的精美。"胡廉泉先生也插话说："记得一次接待华润集团的一位老总，给他上了一道豆渣鸭条。味道当时就让他惊艳了，他问这道菜叫什么名字，告诉他叫豆渣鸭条时，他感觉菜名不上档次，说从豆渣金黄的视觉呈现效果上来讲，叫金沙鸭条会更贴切。"

师父却说："还是豆渣鸭条好，更能体现出食材的特别之处。现在的人不是都崇尚养生吗？叫豆渣鸭条才能够体现出原料的返璞归真，你们说是不是？"

如果这道菜最终得以"复出"，那必然会在成都的川菜界乃至全国川菜界引起不小的震动。同时，我还想起祖师爷曾定下的川菜核心指导："所谓川味正宗者，是在原有基础上甲南北之秀，而自成格局也。""正宗川味，是集南北烹调高手所制的地方名菜，融会于川味之中，又以四川人最喜食的味道处置。"

过去老菜谱上的一些川菜以今天的眼光考量，着实有点"土气"，所以我理解一些厨师对西式摆盘和新奇元素的追求，用某些餐饮人的话说，要符合现代人对视觉享受的追求。

俗话说：师父领进门，修行在个人。师父经常对我说："为什么有的人做了一辈子毫无个人见解？因为他没有动脑筋。为什么有的人没学多久但是一下子就上手了？人家在用心做事。"师父在还是学徒的时候，就经常践行要多做的理念，只有多做，才能积累经验，不管是失败的经验，还是成功的经验。

既然祖师爷和师父都说"只要改得有道理，就要改"。那么，还等什么呢？

蹄燕——晶莹剔透赛燕窝

我们在品尝一道美味的时候，不能光顾着品尝，还要懂得它之所以能够成为美味的诸多因素，包括所用的食材、做法，以及这道美味背后的故事……

这是一道化腐朽为神奇的菜

蹄燕一直是师父喜欢做的一道菜。他说："燕窝是档次高，而蹄燕是技术高，这是厨师的自信。"

要做好蹄燕最关键的一步便是"放蹄筋"（实际上就是泡发）。选干的、白色的猪蹄筋。先用油发，油温需慢慢升、慢慢浸，释放蹄筋的胶原蛋白。这里需要注意的是，放蹄筋现在一般用色拉油，因为菜籽油颜色较深，会影响成菜后蹄筋的颜色。在没有色拉油之前，师父用的是猪油，但现在如果在天气较冷的时候用猪油，会影响这道菜最后成菜上桌后的效果。

厨师有个基本功叫"炸酥放响"，而"放响皮、放蹄筋"就是其中的"放"。须先用小火将蹄筋慢慢放透，使其胶质转化，软化，膨化……待一个个细泡泡都鼓起来，整个蹄筋都完全膨化才行（油温差不多有六成热），就这样持续放，等油温达到七成热的时候，蹄筋就会变得很大，这个时候就要往锅里加点水了。加水的目的是什么呢？一是降低温度，二是使蹄筋的里面也彻底膨化。"记往，一定要把蹄筋放透，放得像泡沫一样。"这便是"放蹄筋"里的第一发——油发蹄筋。

油发蹄筋之后，接着便是第二发——水发蹄筋，以及第三发——碱发蹄筋（行业术语叫"提碱"，使它软和，颜色发亮，变白）。后面这两个过

程相对来说要简单一些，而整个"放蹄筋"过程一般需要三四个小时才能完成。"操作的过程中体现了厨师很多基本功技术。一般来说，你只要会放蹄筋了，就会放猪皮，就会放鱼肚。"为什么油发之后，还要水发和碱发呢？师父说："那是因为胶原质膨化之后会硬，所以要拿水继续发。油发让它膨化，水发让它变软，碱发是让它变亮变柔。"听完这放蹄筋的复杂技艺，我不禁感叹，这美味吃起来看似简单，做起来还真的是考厨师手艺啊！

接下来，便要把放好的蹄筋切成片了。上等的蹄燕，只取蹄筋中间的两片，而要做一份"蹄燕菜"则需要十多根蹄筋。切片之后，还需厨师用刀尖在蹄筋片上划成不连贯的刀路，扯成如燕窝一样的网状，然后倒入碗里用食用碱码二十分钟。这个时候，需要厨师隔十多分钟观察一下，如果觉得没有达到标准，可以适当加温。待它变成雪白如燕窝一样的时候，就需要进行用开水退碱的工序了。当退完碱，你可以试着把它跟燕窝摆在一起，"我以前就搞过一个试验。把蹄燕悄悄地放在本就放有燕窝的案板上，那位要做燕窝菜的厨师一个转身过来，眼前居然出现两份'燕窝'食材，分辨了半天，也没有分辨出来……"

"原来，师父也有老顽童的时候啊！"

"这个不能算是顽童，这个是厨师的骄傲！"的确，师父常常说，厨艺是一门技术活，我们要活到老学到老，而当你拥有足以让人仰望的厨艺的时候，也就有了成就感。

好了，这蹄燕备好，我们先来说说"蹄燕鸽蛋"这道菜。准备十二个新鲜的鸽子蛋和一锅开水，打鸽蛋滑入锅，煮几分钟。现在也有直接将鸽蛋打到勺子里放点油直接蒸的，这种操作手法，能够使鸽蛋成型之后更好看。不过，最稳当的还是煮。摆盘的时候，鸽蛋煮出来是透明的，中间一个月圆周围就跟云彩一样，很是美观。"我第一次煮鸽蛋的时候，一看怎么是稀的呢？于是接着再煮，煮了三次都是稀的。那个年代，我一般都是接触的鸡蛋鸭蛋，没有接触过鸽蛋。等我的鸽蛋煮了三次之后，当然已经老了，不能再用了。"师父对我说起他第一次煮鸽蛋的经历，看来这煮鸽蛋也是有讲究的。师父接着说："我第一次做这道菜还是在荣乐园，但这道菜基本上没有对外卖过。因为这是一道工艺菜，是用来展示技术的，所以平时我们也很少做。"

鸽蛋准备好之后，把特制清汤拿到蹄燕里过两次。开始摆盘，把蹄燕放中间，以鸽蛋围之，随后加入调好作料的清汤，一道美味的"蹄燕鸽蛋"就可以走菜了。

"这个你学会了，可以有很多菜式变换。如果，你只拿清汤与蹄燕一起搭配，它就是一道'清汤蹄燕'；如果，在夏天你拿桃油和冰糖水与蹄燕一起搭配，它就是一道清热解暑的'琥珀蹄燕'。总之，在有蹄燕的基础上，厨师可以发挥他的想象力和创造力，说不定不久之后，还会有更多的蹄燕菜开创出来呢！"师父对于川菜的自信，就是来源于这些经典传统川菜。

这是一道有故事的菜

说了蹄燕的做法之后，师父还给我讲了一些关于蹄燕的故事。

要说这蹄燕，肯定离不开"清汤燕菜"这道菜的。燕窝在中国的消费起源，尤其是具体的年代，至今仍然扑朔迷离。在明代大部分的时间里，虽然已见燕窝的踪影，但食用似乎并不普遍。可以确定的是，从清代开始，文献中的有关燕窝的记载，大量出现在皇室的餐饮之中。

可见，燕窝不仅在今天十分珍贵，在清代更是稀有之物，专供皇宫贵族享用之物。"清汤燕菜"是过去高级宴席燕菜席中的第一道大菜。大家都知道，燕窝得来不易，十分稀有。因此，厨师们更是想尽办法，让宴席里的每一位食客都能够享用到这一美味。可当时材料又十分有限，老板又要控制成本，再加上成菜要求大方，燕窝少了便不美观，但燕窝价格又实在是高，怎么办呢？我们老一辈的四川厨师们左思右想，发挥各自的创意，终于创造出了"蹄燕"——一种无论是外观还是味道都可与燕窝媲美的美味！于是，聪明的四川厨师用蹄燕打燕窝的底子，不仅成菜大方了，也达到了控制成本的要求。

师父刚到荣乐园那会儿，曾经看到孔大爷（孔道生）做过一道"燕菜鸽蛋"，就是用的蹄燕打底。这蹄燕不仅做得相当像燕窝，而且一般人还真是吃不出来。"这清汤燕菜是个传统菜，清代就有。燕菜鸽蛋就较晚一些，大约20世纪二三十年代，常用蹄燕与燕窝一起搭配入汤。"胡廉泉先生说道。

可见，这蹄燕一开始只是作为打底的菜而出现，并不是主角。后来抗战时期，因为物资与食材紧缺，慢慢地，过渡着，最后"蹄燕"干脆自己出来"单干"。而它诞生之初就是与燕窝搭配的，"出身高贵"自信心当然爆棚。再加上四川厨师化腐朽为神奇的技艺，它不出来单干都不行啊！于是，我们便有了今天这些与蹄燕相关的名菜"清汤蹄燕""蹄燕鸽蛋""琥珀蹄燕"等等。

这个时候，"冬瓜"和"萝卜"出来闹事了，说："我们（指'雪燕冬瓜'和'萝卜燕'这两道菜）可是比你先出来单干啊！"

好吧，那我们这里就先插入一个关于"素燕菜"的传说。说是武则天爱吃萝卜，于是御厨们挖空心思为她烹制萝卜菜肴。最后，终于研究出了一道萝卜美味：将萝卜切成三寸长的细丝，用粉面拌匀，上笼蒸至半熟，放凉，然后放入清水内，将萝卜丝撒开取出，上笼蒸透，放入锅内，将山珍海味等配料放在上面，再将放有调味品的佐料，连汤带水倒入锅内，又撒上一些配料烹制而成一道由海米、蘑菇等点缀，缕缕银丝漂浮于清汤之中的汤菜。武则天吃后，觉得味美可口，大有不似燕窝胜似燕窝的风味，便赐名为"素燕菜"。自此，武则天的御膳单上便多了一道菜。久而久之，这道菜传到民间，又被人们称之为"假燕菜"。由于劳动人民吃不起山珍海味、名贵佳肴，就以白萝卜丝为主料，配上肉丝、鸡蛋丝、香菇丝等烹制成素燕菜，逢年过节或婚丧嫁娶待客，极受百姓欢迎。渐渐地，便成了"洛阳水席"（洛阳水席共设二十四道菜，除八个冷菜外，其余四大件、八小件和四个压桌菜，几乎件件带汤，故曰：水席）中的第一道大菜。

另外一道"雪燕冬瓜"是川宴清汤菜式传统名品，又名"冬瓜燕"。冬瓜燕是把冬瓜切成犹如燕菜般的细丝，然后加入高级清汤，因其颜色、形状、质地均与燕窝相似而得名。

从应用的角度来讲，我们的老一辈川菜厨师的创造精神是十分值得学习的。他们除了展示自己的厨艺之外，还善于思考，并在那个物资短缺的时代发挥想象创造出许多名贵珍稀食材的替代品。正因为有他们的这些创新，我们今天才能够吃到如此美味的蹄燕。

这是一道充满自信的菜

曾在《四川烹饪》杂志供职记者的尔亚女士，问过师父一个问题："您觉得川菜里面有哪些菜最能表现川菜厨师的技艺？或者说哪些菜是变废为宝甚至化腐朽为神奇的呢？"

几日后，师父是这样回答的："你这个问题我想了几天。比如，舍不得、炒空心菜秆等都属于物尽其用，但未达到化平凡为珍奇。后来，我想到我爱做的一个菜蹄燕鸽蛋。主料是猪蹄筋，很平常的一个原料，但通过发制，浸泡，刀工处理，再次的开水发制，最后成为晶莹剔透的蹄燕，和燕窝比能以假乱真，配上鸽蛋，谁能说它不是燕窝？但它从来都叫蹄燕并没有叫燕窝，这是厨师们对自己厨艺到家的自信，也是化平凡为珍奇的骄傲。"

2018年1月5日，原本只接待预订客人的松云泽餐馆破例增开一席，并按照川菜传统包席的流程拿出了看家菜品；同时，一般不出面接待的元富师兄也罕见地坐在餐桌上全程陪同，仔细介绍每一道菜。客人正是在日本家喻户晓，被日本主妇奉为偶像的"川菜厨神"井桁良树，他在东京创办的两家"老四川飘香"川菜餐馆，已经成为日本中餐界的代表，不仅吸引了许多中国人前去品尝，更是当地日本人宴请宾朋的高端首选。

当天的菜，一个比一个精致，一个比一个精彩。其中，井桁良树最欣赏的就是"蹄燕"。只见一个苹果般大小的瓷盅里，一勺醇厚透明的汤里，有两朵细小的银耳、两粒朱红的枸杞，还有隐约的纤维组织。"这个是什么，燕窝么？"井桁问翻译陈妍。陈妍也算是走南闯北的老食客了，此时却也只好问元富师兄："难道是燕窝？"元富师兄一脸自信地回答："是蹄筋。"当即让井桁良树大为震惊，他完全没有想到这道菜的食材居然是蹄筋，蹄筋还可以这样烹制，味道居然可以这样相融！

几个月之后（2018年5月20日），蔡澜在吃了松云泽的琥珀蹄燕之后，这样评价道："什么叫蹄燕羹？燕窝吗？不是。它用晒干的猪蹄筋再三泡发后切成薄片，再加少许枸杞子清炖而成，口感上尤胜燕窝。这道菜用普通的食材炮制的甜汤，比燕窝更有吃头，大家又吃得起，有人说此菜有很多师傅都会做，我回答说的确如此，但有很多客人会叫（点菜）吗？这种创新，如果不发扬就会消失。"

这是蔡澜的担心，也是我身上的又一重责任。当知晓一道美味背后所用的食材、做法以及故事之后，我们还要将这道美味，让更多的人知道！让这道美味，在越来越多的食客口中流传！

百变滋味

师父教我吃川菜

HOW TO TASTE SICHUAN CUISINE:
LEARNING FROM MASTER

调味品——味道魔法师

　　川菜品种丰富、味道多变、适应性强，一菜一格，百菜百味。这里的"味"当然离不开厨师手中的调味料。

　　不过，如今的调味料与从前的滋味大不相同。虽然品种多了，但味道却总觉不足，曾经的"蒜辣心""葱辣眼"，现在几乎感受不到了。以前人们在清洗或切葱时会感觉辣眼睛。因为葱的鳞片里含有一种具有挥发性质的油，这种油的主要成分是蒜素，葱白里面最多，当你剥开葱外皮时，就会马上挥发到空气中，从而刺激到人的眼睛，也就有了"葱辣眼"的说法。"辣心"在农村也叫"烧心"，当我们空腹吃大蒜时，那感受最深刻，就像吞下

批发市场中的花椒辣椒及各种香料（2018年拍摄于成都市郫都区）

市场中的花椒辣椒及各种香料（2018年拍摄于成都市金牛区菜市场）

一颗没法消化的红火炭，这就是烧心。大蒜中有蒜氨酸，蒜氨酸平常藏在蒜瓣之中，在没被破坏之前都没事，而一旦咬碎了吞到肚子里，蒜氨酸迅速地变成大蒜素，肠胃里就会感觉火烧火燎。

川菜界常常提及"三香、三椒、三料"。三香指葱、姜、蒜，三椒指辣椒、花椒、胡椒，三料则是郫县豆瓣、醋、醪糟或宜宾糟蛋。炒菜用葱、姜、蒜，这是烹饪普遍采用的方法。三椒、三料则是川菜最重要的调料。此外，师父认为还应该加上"五常"，即烹制川菜中常用到的五种调味料：盐、白糖、酱油、豆豉、甜面酱。

胡廉泉先生说，除了普通的葱、姜、蒜、盐、酱油、醋等常见的调味料外，川菜调味料最重要的莫过于：豆瓣、辣椒、花椒、泡辣椒、胡椒、甜面酱、豆豉、醪糟等。

那么，现在我们就来看看川菜中常用到的调味料都有哪些讲究，它们的使用需注意些什么，哪道川菜必需用哪种调味料。

晨曦中的菜市场（2017年拍摄于成都市青羊区菜市场）

三香：姜、葱、蒜

◎ 姜

　　四川的姜品质优异，根块肥大，芳香且辛辣味浓。川味菜肴一般使用的是子姜、生姜、干姜三种。子姜为时令鲜蔬，季节性强，可作辅料或者腌渍成泡姜。子姜肉丝、姜爆子鸭、泡子姜这些菜，就是用子姜或者泡姜制作的。生姜在川菜中，则是把它们加工成丝、片、末、汁来使用，炒、煮、炖、蒸、拌不可缺少，是川菜重要的小宾俏或多种味型中不可缺少的调味品，有除异增香、开胃解腻的作用。与子姜、干姜相比，生姜的运用范围是最广泛的，如姜汁热窝鸡、姜汁肘子、姜汁豇豆、姜汁鸭掌等菜肴的调味品均以生姜为主。泡姜则主要用于烹鱼或家常等味型的菜肴，四川的普通家庭，也是常常用泡姜来制作鱼香味型菜肴的。干姜（也称老姜）在川菜中主要用于制汤。

市场中的子姜（2017年拍摄于成都市青羊区菜市场）

◎ 葱

　　葱有大葱、香葱之分。葱具有辛香味，可解腥气，并能刺激食欲，开胃消食，杀菌解毒。葱在烹饪中可以生吃和熟吃，生吃多用香葱。香葱又称小葱、细香葱、北葱、火葱，植株小，叶极细，质地柔嫩，味清香，微辣，主要用于调味和去腥，一般切成葱花，用于调制冷菜各味，如怪味、咸鲜味、麻辣味、椒辣味等味型，其中烹制鱼香味型时，尤以四川的火葱为佳。大葱主要用葱白作热菜的辅料和调料。作辅料一般切成节，烹制葱酥鱼、葱烧蹄筋、葱烧海参等菜肴；如切成颗粒，则作宫保鸡丁、家常鱿鱼等菜肴的调味

市场中的三种葱（2019年拍摄于成都市武侯区菜市场）

品。此外，葱白还可切成开花葱，作烧烤、汤羹、凉菜配料使用。师父他老人家就喜欢在"炸扳指"和"豆渣鸭脯"摆盘时配上开花葱。

◎ 蒜

　　大蒜为多年生草本。外层灰白色或者紫色干膜鳞被，通常有六到十个蒜瓣，每一瓣外层有一层薄膜。四川还有一种独蒜，个大质好。独蒜形圆，普通大蒜形扁平，皆色白实心，含有大量的蒜素，具有独特的气味和辛辣味。大蒜在动物性食材调味中，有去腥、解腻、增香的作用，是川菜烹饪中不可缺少的调味品。大蒜也可作辅料来烹制川菜，如大蒜鲢鱼、大蒜烧鳝段、大蒜烧肥肠等。这些菜肴以用成都温江地区的独头蒜为佳。大蒜不仅能去腥增色，它所含的蒜素还有很强的杀菌作用。另外，在川菜中还常常将大蒜制成泥状，用于蒜泥白肉、蒜泥黄瓜等凉菜。

王开发（左）和作者在菜市场

温江独头蒜

三椒：辣椒、花椒、胡椒

◎ 辣椒

辣椒在川菜中的运用中达到了极致，呈现出各种状态：干辣椒、辣椒粉、泡辣椒等。

干辣椒，使用新鲜辣椒晾晒而成。外表红亮或呈红棕色，外光泽，内有籽。有的辛辣如灼，有的香而不燥，根据不同口味与成菜要求，可使用不同辣度与风味的干辣椒。成都牧马山所产的二荆条和威远的七星椒，皆属制作干辣椒的上品。干辣椒可切节、剁细或磨粉使用。切节用于炝莲白、炝黄瓜等菜肴。剁细主要用于制作"刀口辣椒"，用于水煮系列等菜肴。

辣椒粉在烹饪中一般有两种用法：一是直接入菜，起增色的作用；二是制成红油辣椒，广泛用于冷热菜式，如红油笋片、红油皮扎丝、麻辣鸡、麻辣豆腐等菜肴。用干辣椒加工而成的辣椒粉、辣椒油、糍粑辣椒等是川菜多种味型必不可少的调味品。

泡辣椒在川菜调味中起着非常重要的作用。它是用新鲜的红辣椒泡制而成，品质以色鲜红、肉厚、酸咸适度、辣而不烈为佳，用以增色、增味。由于在泡制过程中产生了乳酸，烹制菜肴时，会使菜肴具有独特的香气和味道，是川菜中烹鱼和烹制鱼香味、家常味菜肴的主要调味品。

现在市面上常见的辣椒有：朝天椒、二荆条、七星椒、小米辣、秦椒和杭椒等。这些风格各异的辣椒，各自的辣味不同，但四川人却独独钟爱线椒二荆条。

二荆条产自成都双流牧马山一带，也称"二金条"。据说清朝时曾是贡椒，最大的特点就是香。香气的来源首先是因为辣椒品种，川菜多以食用油为介质，特别是干辣椒经过热油激、炒、炸产生美拉德反应及焦糖化反应从而释放的香味。"在所有辣椒品种中，二荆条辣椒糖分含量最高。在烹饪的时候，入锅一爆就会产生一种焦糖化的现象。白糖为什么在高温下会变香，就是产生了焦糖化现象，这与二荆条的香原理是一样的。"台湾著名美食摄影师蔡名雄先生，一语道出四川人独爱二荆条的真实原因。

批发市场中的辣椒及各种香料（2018年拍摄于成都市郫都区）

王开发（左）和作者在成都菜市场调研各种辣椒

双流永安镇的农贸市场是牧马山二荆条的主要交易市场（2014年拍摄于成都市双流区永安镇）

辣味的调制要恰当，当辣则辣，当浓则浓，轻重有致，薄厚适宜，层次分明。重要的是做到辣而不燥。"燥"是指口味干烈，和"润"是相对的，"辣而不燥"的意思是辣味虽然浓郁，口感却温润。

这就要求厨师有高超的烹饪技艺，选料、调味、火候掌握缺一不可。如宫保鸡丁用干红辣椒，水煮肉片用刀口辣椒，干烧鱼用泡辣椒段，鱼香肉丝用切碎的泡辣椒，麻婆豆腐用豆瓣酱与辣椒面，干煸苦瓜用青辣椒提鲜等。师父说，要使辣椒达到"熟"的程度，就是要炒至"酥香"，使生辣之味最大限度地去掉，"燥"之感觉全无，香辣之味方可产生。

◎ 花椒

花椒又称"大椒""蜀椒"或"川椒"，为芸香料植物花椒的果实。产于茂县、金川、平武等地的称西路椒，其特点是粒大，身紫红，肉厚，味香麻；产于绵阳、凉山等地的称南路椒，有色黑红，油润，味香，麻味长而浓烈的特点。其中以汉源清溪所产品质最好，素有"贡椒"之誉。另外，四川凉山还出产一种青花椒（又称土花椒），色青红，香麻味浓烈，但略带苦味。

结实累累的贡椒（2018年拍摄于雅安市汉源县）

作者和蔡名雄（右一）在王开发（中）家中合影

作为调味品，四川厨师主要是用它的麻味和香气。麻味是花椒所含的挥发油产生的，花椒为川菜麻辣、椒盐、椒麻、煳辣、怪味等味型的主要调料，借以体现风味。花椒在调制川味的运用中十分广泛，既可整粒使用，也可磨成粉状，还可炼制成花椒油。整粒使用的花椒主要用于热菜，如毛肚火锅、炝绿豆芽等。花椒粉在冷热菜式中皆可使用，热菜如麻婆豆腐、水煮肉片，冷菜如椒麻鸡片和牛舌莴笋等。花椒油则多用于冷菜，在川菜烧、炒类菜式中，也可代替花椒粉使用。火锅中则大量使用青花椒。此外，花椒还因其除异增香的特点，也常作香料，用于蒸、炖、卤、盐渍等类菜式。

四川一直是优质的花椒产区，花椒又被称为蜀椒，加上"尚滋味，好辛香"的传统，让川菜的独特味道时常体现在花椒特立独行的香麻风味上。

蔡名雄经过五年的实地调查，系统地归纳出了花椒的产地、品种以及风味特点，同时与川菜实践结合，总结出花椒在川菜中所发挥的作用。他将花椒的各种香麻风味，总结为"好花椒的五种风味"：柚子味、柑橘味、柳橙味、莱姆味和柠檬味。

说起花椒，当然离不开那道经典的川菜——麻婆豆腐，花椒是这道菜的灵魂。而使用不同的花椒，麻婆豆腐呈现出的风味和个性完全不同，花椒是呈现完美滋味的关键。蔡名雄认为，做麻婆豆腐，汉源贡椒为首选，其次为越西贡椒和喜德南路椒。

那么，如何选花椒呢？首先，好花椒色泽均匀，浓而纯，粒大而均匀；其次，要选择干燥度较高的花椒，因为干燥度较高的花椒不容易走味或变质。鉴别方法是用手拨弄花椒时应有干燥感的"沙沙"声，若一把抓起，应该要有粗糙、干爽的感觉，且容易捏碎。闻花椒香味时，不应该闻到其他香辛料的味道或杂味，即不能有被杂味污染而串味的情形；仔细观察，好花椒果实都应开口不含或只含少量椒籽粒，枝秆及杂质极少；选择花椒果皮开口大的，干燥后的果皮开口大，表示成熟度较高，一般来说香气也愈浓郁且麻味相对强；最后，视情况取一至两颗花椒放入口中，咀嚼一下，感觉到有花椒味出现时就将花椒吐出，之后细细感觉口中的各种滋味。通常木腥味、干柴味等各种腥、异味越少越好，麻度就视需求选择。但多数情况下，麻度越高，苦味越明显。若只感觉到苦味，麻度却不高时，调味效果多半不佳，容易使菜肴带苦味，这样的花椒最好不要选。

◎ 胡椒

胡椒始见载于唐代《酉阳杂俎》《唐本草》诸书，相传为唐僧西域取经携回。胡椒分白胡椒和黑胡椒两种。黑胡椒品质以粒大饱满，色黑皮皱，气味强烈者为好；白胡椒品质以个大，粒圆坚实，色白，气味强烈者为良。中医认为，黑胡椒粉走里，味重，调味作用稍好；白胡椒粉药用价值更高，走表，辛散作用更好。

胡椒又称"浮椒""玉椒"或"古月"。其辛辣芳香味主要来源于所含的胡椒碱和芳香油。胡椒虽然没有像豆瓣、辣椒和花椒那样在川菜中具有代表性，但在各式菜肴中，特别是烧烩类菜式及汤菜中常常用以增味和增香。

师父在讲川菜中的那些传统菜肴的时候，曾提到过在烹制"菠饺鱼肚"时使用的是"胡椒水"，其目的是在增味增香的同时，保持成菜后的纯净与美观效果。

三料：豆瓣酱、醋、醪糟

◎ 豆瓣酱

在川菜调味料中郫县豆瓣是最被大众熟知的调味品之一。

豆瓣酱以胡豆为原料，经去壳、浸泡、蒸煮（或不蒸煮）制成曲，然后按传统方法（豆瓣曲下池加醪糟，也可加白酒、盐水淹及豆瓣，任其发酵）或固态低温发酵法（豆瓣曲加盐水拌和，出曲后补加食盐发酵）制成豆瓣醅。成熟的豆瓣醅如配入辣椒酱、香料粉，即成辣豆瓣；如配入香油、金钩、火腿等，即成香油豆瓣、金钩豆瓣、火腿豆瓣等，统称咸豆瓣。咸豆瓣黄色或黄褐色，有酱香和酯香气，味鲜而回甜，为佐餐佳品，以资阳临江寺所产最为著名。

辣豆瓣色泽红亮油润，味辣而鲜，是川菜的重要调味品，其中以郫县所产为佳。相传郫县豆瓣发明者是一位从福建入川的陈姓移民。他在入川途中

传统豆瓣酱的晒制场（2019年拍摄于四川省眉山市）

豆瓣酱（2017年拍摄于四川省郫都区）　　豆瓣酱（2019年拍摄于四川省眉山市）

随身携带的赖以充饥的胡豆受四川盆地潮气影响而发霉，他舍不得扔掉，便把发霉的胡豆放在田埂上晾晒，又以鲜辣椒伴着食用，发现非常美味，这成为日后郫县豆瓣的起源。

　　这个故事虽不可考证，但郫县豆瓣的品质特色与产地的环境、气候、土壤、水质、人文等因素密切相关，具有辣味重、鲜红油润、辣椒块大、回味香甜的特点，是川味食谱中最为常见，也是最为重要的的调味佳品。很多人一度认为，买对了豆瓣酱，川菜也就成功了一半。

◎ 醋

　　醋，又称"苦酒""淳酢"或"醯"，是川菜中常用的调味品。我国酿醋的历史已有近三千年。一般以所用的主要原料命名，如米醋、酒醋、麸醋等；也有以风味和工艺不同而命名的，如陈醋、香醋、熏醋、甜醋等。四川醋多用小麦、麸皮、大米、糯米等，并加多种中药材精酿而成，其优良产品有阆中的保宁醋、渠县的三汇特醋和自贡的晒醋等。

　　醋在烹调中除体现多种风味外，还可以压腥、提味。炒菜时酌量加醋还

古城中的阆州醋门店（2011年拍摄于四川省南充市）

可以保护食物中的维生素C不受或少受破坏，是烹制醋熘鸡、糖醋排骨、酸辣海参等菜肴的重要调味品，也是调制多种味碟的主要原料。

而白醋则多以糯米等为原料，经制曲、浸泡、蒸料、糖化发酵、酒精发酵而成。成品无色透明，味酸而带酒香，多不下锅。主要用于一些需要保持食材固有色彩（主要指蔬菜类）或不需上色的菜式。

◎ 四川醪糟和宜宾糟蛋

醪糟也叫酒酿、酒糟、米酒、甜酒、江米酒、米酵子等，南北方叫法不同，四川一般叫醪糟。它是由糯米和酒曲酿制而成的酵米，是一种风味食品，口味香甜醇美，乙醇含量较少，因此深受人们喜爱。

《楚辞·渔父》一书中曾提到："何不铺其糟而歠其醨？"可见自古以来醪糟就是可以吃的。它不仅可以直接食用，而且在制作很多美食时都少不了它的锦上添花，其中醪糟粉子，便是四川非常流行的一种小吃。比如水煮荷包蛋、水煮汤圆时加入一些醪糟，成品的味道会更加丰富；而在制作红烧菜特别是有腥味的荤菜时添加适量醪糟，成菜会更加鲜香回味。说到用醪糟做菜，不得不提到两道十分家常的醪糟菜：醪糟南瓜羹和醪糟烧带鱼。另外，民国散文家梁实秋在《雅舍谈吃》里还说到过糟溜鱼片、糟鸭片、糟蒸鸭肝这几样菜。

在四川，醪糟以前多为家庭制作，俗称蒸醪糟。也有小型作坊做商品性生产，如成都的"金玉轩"即是以此出名。成品色白汁多，味纯，酒香浓郁。在川菜中，主要用作配料（如醉八仙、香醪鸽蛋等菜肴）、调料（如醪糟冬笋、糟醉排骨等菜肴），也可替代绍酒使用。

在川菜调味料里除了醪糟之外，宜宾糟蛋也名声在外。相传，清同治年间，宜宾（旧称叙府）西门外有一中医大夫喜饮窖酒，并以此作为驱疫健身之方。为了备酒长饮，他每年都要酿制窖酒，还习惯在酒液里放几个鸭蛋，以延长窖酒的贮存时间。一次，他发现经窖酒浸泡过的鸭蛋，蛋壳变软脱落，蛋膜完好，色泽悦目，取之而食，醇香爽口，味道鲜美。于是，他将这个发现告诉亲朋好友，食者皆称极美。事后，大家争相仿制，这就是最早的宜宾糟蛋，也称"叙府糟蛋"。

市场中的醪糟（2011年拍摄于四川省内江市）

宜宾糟蛋的生产工艺堪称一绝，是把鲜鸭蛋以糟腌制而成的。而宜宾糟蛋的吃法也别具一格：先把糟蛋置于碟中，加适量白糖，再滴白酒少许，用筷略微搅动，待蛋、糖、酒融为一体后，即可徐徐拈食下酒，别有风味。其蛋质软嫩，色泽红亮，醇香味长，营养丰富。

在川菜筵席上，宜宾糟蛋曾是国宴上的一道开胃冷盘。它不仅可以单独食之，还可与其他食材一起入菜，如糟蛋鸭子、糟黄鸭子以及糟蛋粽子、糟蛋鱼粉、酒香渔穗、糟香翅笔等菜肴。

五常：盐、白糖、酱油、豆豉、甜面酱

◎ 盐

盐有海盐、池盐、岩盐、井盐之分，因其使用非常普遍，历来被称为"百味之主"。盐的主要成分是氯化钠。而烹饪所用的盐，当然是以含氯化钠

自贡桑海井仍保留传统煮盐工艺（2011年拍摄于四川省自贡市）

高而含氯化镁、硫酸镁等杂质低的为佳。川菜烹饪常用的盐是井盐，其氯化钠含量高达99%以上，味纯正，无苦涩味，色白，结晶体小，疏松不结块。其中，尤以四川自贡所生产的井盐为盐中最理想的调味品，在烹调上能定味、提鲜、解腻、去腥，是川菜烹调的首选必需品之一。

四川自流井、贡井地区开采井盐的历史已有两千多年之久，具体起源可以上溯到东汉章帝时期，后来井盐闻名于唐宋，鼎盛于明清；在清咸丰、同治年间成为四川井盐业中心，其井盐遍销于川、滇、黔、湘、鄂诸省，供全国十分之一的人口食用。

另外，烹调中还经常利用盐的渗透压除去原料中的苦味或涩味。同时，盐也是制作面点不可少的辅料。除用于面臊和面馅的调味外，也常用于面团，有增强面团劲力，改善成品色泽和调节发酵速度的作用。

盐场工人挑运卤水（自贡市盐业历史博物馆馆藏）

◎ 白糖

白糖、冰糖、红糖、饴糖、蜂糖等皆可用作川菜烹饪，以白糖、冰糖用得最多。川菜所用的白糖，是用甘蔗的茎汁，经精制而成的乳白色结晶体。在烹调中，糖除主要用于甜菜、甜食和甜羹外，还广泛用于调味，起上色、矫味和体现风味的作用。川菜中糖色运用十分广泛，烧菜、卤菜、蒸菜等色泽为红色、棕红、酱红的菜品都需要炒制糖色，如红烧肉、煨肘子、卤汁调兑、烧鸭、烤鹅、咸烧白、甜烧白等。

其中，白糖按其晶粒大小，又分粗砂、中砂、细砂三种。四川白糖主要产于内江、西昌等地，尤以内江为盛，其素有"甜城"之称。川菜中，白糖除了用于调味上色外，还主要用于糖醋类菜肴的制作。

除此之外，白糖还是调味太过时最有效的缓冲剂，可以用来补救味道，妙处多多。比如，烹饪时如不慎放盐过多，可以加少量白糖调和使菜味变淡；辣椒放多了，也可以加少量白糖解辣；菜肴过酸时，也可以加入少量白糖以缓解其酸味，而酸甜味还可以使菜肴可口开胃；另外，烹制苦系菜的时候，比如苦瓜，加白糖可除苦味。

◎ 酱油

酱油又称清酱，酱汁，豉油，是以黄豆、小麦等为原料，经蒸料、拌料、拌曲、踩地、倒坯、发酵等工艺加工而成的棕褐色液体。我国历史上最早使用"酱油"名称的是在宋朝，林洪的《山家清供》里有"韭叶嫩者，用姜丝、酱油、滴醋拌食"的记述。据清人王士雄的《随息居饮食谱》记载："油则豆酱为宜，日晒三伏，晴则夜露，深秋第一者胜，名秋油，即母油。调和食物，荤素皆宜。"

按生产方法的不同分天然发酵、人工发酵和化学发酵酱油，四川酱油的生产多用低盐固态发酵工艺或结合传统工艺酿制而成。在川菜中运用广泛，以四川德阳市酿造厂生产的精酿酱油、成都酿造厂生产的大王酱油和江油中坝的口蘑酱油为佳，是川味冷菜的最佳调味品。酱油在烹调川菜中，无论蒸、煮、烧、拌的菜肴都可使用，运用范围很广。在川菜烹饪中一般用于调

窝子酱油酿造场景（2017年拍摄于四川省绵阳市）

味和增鲜的为浅色酱油；深色酱油除了调味增鲜提色外，还多用于凉拌菜的调味及面条的碗底；而甜红酱油，除了用于凉拌菜和面食的调味外，也用于部分食材上浆上色。行业中也有以浅色酱油加红糖、香料等在锅内熬成的特制酱油，其风味亦佳。

◎ 豆豉

　　豆豉又称"鼓""康伯"或"纳豆"，是以黄豆、黑豆经蒸煮发酵而成的颗粒状食物。我国远在一千四百多年前，豆豉的制作在民间就十分普及，并成为人们喜爱的食品。按工艺用料和风味的不同，豆豉分为干豆豉、姜豆豉、水豆豉三种。干豆豉成品光滑油黑、滋润散籽、味美鲜浓、酯香回甜，川菜中多用作配料和调料。

　　其中以四川成都的太和豆豉和重庆的潼川豆豉、永川豆豉品质最佳。此豆豉可加油、肉蒸后直接佐餐，也可作豆豉鱼、盐煎肉等菜肴的调味品。豆豉加盐、酒、辣椒酱、香料、老姜米拌均后即为姜豆豉。如再加煮豆水即为水豆豉，此两种豆豉多用于家庭制作家常小菜。

永川豆豉

◎ 甜面酱

甜面酱，又叫甜酱、金酱，主要原料是面粉，是经制曲和保温发酵制成的一种酱状调味品。其特点是甜中带咸、酱香浓郁，有酱香和酯香气，川菜中多用于酱烧、干酱类菜式。另外，还用于调制葱酱碟以及需酱增色增味的菜式，亦用作腌制食品、面臊、面馅的主要调料。川菜中最常用甜面酱调料的非回锅肉莫属，除此之外还有酱烧茄子、酱肉丝等菜肴。

川菜文化的发展依赖于得天独厚的自然条件，四川自古以来就享有"天府之国"的美誉。境内江河纵横，四季常青，烹饪原料丰富，调味品的丰富给了川菜厨师更多的发挥空间。

现在，很多川菜厨师虽然掌握了川菜的烹饪技术，但是他们不懂得使用正宗的川味调料，所以做出来的川菜，在味道上怎么都觉得不对。而川菜之所以能够以味取胜，赢得众多食客的赞美，跟调味料有着密切的关系，例如做回锅肉如果不用郫县豆瓣，炒鱼香肉丝如果不用泡辣椒，就很难做出正宗的味道。

我曾在"回锅肉"一篇里提及过，在回锅肉里加入甜面酱调料具有改油、解腻、增香的效果。但很多厨师加的却是豆豉，豆豉是加在盐煎肉里的。所以，师父才会说："现在的年轻厨师，很多根本不理解调料对于川菜味道的重要性。他们往往喜欢不按章法地随意创新加乱来，这一乱来做出来的味道，当然就不是这道菜本身应该有的味道了。"

附:

古法拜师今又现，"荣派"川菜元老王开发收关门弟子

2017年9月30日，元老级中国烹饪大师、川菜第二代传人王开发在成都举行隆重的收徒典礼，李作民成为王开发大师的关门弟子。（摄影：中新社张浪）

中新网成都9月30日电（记者张浪）隐没江湖十年的"荣派"川菜重出，最为古雅、隆重的收徒仪式再现。9月30日中午，元老级中国烹饪大师、川菜第二代传人王开发在成都举行隆重的收徒典礼，李作民成为王开发大师的关门弟子。

当天的收徒仪式师法古礼，拜师仪式严格遵循行规，分为拜祖师、敬

2017年9月30日王开发（左四）收李作民（左二）为关门弟子仪式合影。师母王建红（右四），杨孝成（左三）、李德福（右三）、张元富（右二）、李克（右一）、石光华（左一）（摄影：中新社张浪）

香；敬拜师帖；"引见师"作引荐致辞，"保证师"作保证致辞；徒弟向师父、师娘献拜师礼三叩首并敬茶；师父回礼并训话，在场师兄宣读师训；再给师祖、师父敬香、叩首，在场见证人在拜师帖上签章，赐还拜师帖等六个步骤。

川菜元老王开发此次所收的关门弟子李作民，来自四川文化界，长期从事文化策划和博物馆展览工作，曾参与成都宽窄巷子总策划，金沙遗址博物馆、成都博物馆项目策划、设计、施工。金沙博物馆获得了中国博物馆十大精品陈列；成都博物馆开馆一年人流量就达三百万人次，成为中国博物馆界现象级的事件。

为何要由文博跨界至川菜，并在半百之年拜师学艺，李作民说："都说川人有天下最幸福的胃，我特别认可，尤其是几乎少有人品尝到的川菜传统包席宴，一菜一格百菜百味，更是人间至高享受。"由爱川菜而爱川菜文化，再到了解到川菜江湖的纷繁乱象，李作民特别想为曾是川菜"明珠"的荣派传承做一点事。

为了这次拜师，李作民准备了几年。想拜师，得过四道人品关、两道检测关。人品关是指是否品行端正、吃苦耐劳、待人宽容，是否对川菜真心实意；检测关是指他得经过两个人长达几年的观察、考验。一个是"引见师"，需在认可其人品、诚意之后，推荐给第二个检测关的"保证师"，为了帮助拜师者如愿，"保证师"要用自己的品格信誉来"背书"，在老师面前为拜师者"打包票"，保证其人品端方、敬业爱岗。

谈及为何要收李作民为徒，王开发表示，川菜繁衍百余年，正进入繁盛时期，也因此乱象频现，需要有文化的人来做川菜的体系化梳理，从食材到烹饪、从食具到环境，都是独具川人特色的文化载体。有人说，川菜是天下四川人相认的媒子，现在这个媒子还长得模糊不清、性格不明、肚子里有才没倒出来。所以，李作民加入"荣派"是一件幸事，行拜师仪式也是为了让川菜界的一些优秀传承保持下去，用一种最恭敬的方式呼唤匠人精神、追求极致的工匠精神。

元老级中国烹饪大师、川菜第二代传人王开发今年已七十二岁，但从未淡忘师承技艺。王开发的师爷是现代川菜"鼻祖"、荣乐园创始人蓝光鉴。蓝光鉴在十三岁入清末餐饮名店"正兴园"为徒，如杨氏太极创始人"偷拳"一般，他和随后入园的弟弟"偷"得一身好本事。1912年，他人邀请蓝光鉴一起创业，开办了后来名噪一时的"荣乐园"，之后川菜迅速成为中国四大菜系之首，并在四十年前开到了美国。如今川菜遍布全球，"荣派"川菜却隐没江湖，少有人知。此次王开发隆重收徒，以及由王开发大师及第三代传人张元富共办的"松云泽"低调开业，无菜谱、不点菜、不催菜等霸气风格引来火爆关注。这也被业内人士认为是曾经鼎盛一时的"荣派"川菜传人重出江湖、正本清源的信号。

据了解，拜师之后，李作民将正式入门"荣派"，跟随王开发从头学起，深入了解川菜精要。同时，李作民将发挥所长，帮助"荣派"做菜系整理、文化传承和对外推广，以实现正本清源、重归川菜之"根"的愿望。

2017年09月30日　中新社报道

参考文献

［1］　［清］傅崇矩.成都通览[M].成都通俗报社，1909.

［2］　李新.川菜烹饪事典[M].成都：四川科技出版社，2009.

［3］　梁实秋.雅舍谈吃[M].沈阳：万卷公司，2015.

［4］　［清］袁枚.随园食单[M].南京：凤凰出版社，2000.

［5］　［北魏］贾思勰.齐民要术[M].北京：中华书局，2009.

［6］　［宋］陈叟达.本心斋疏食谱[M].北京：中国商业出版社，1987.

［7］　［唐］段成式著，李国文评注.李国文评注西阳杂俎[M].北京：人民文学出版社，2017.

［8］　［清］薛宝辰.素食说略[M].北京：中国商业出版社，1984.

［9］　［西晋］常璩著，唐春生、何利华、黄博、丁双胜译.华阳国志[M].重庆出版社，2008.

［10］　［明］高濂.遵生八笺[M].北京：中华书局，2013.

［11］　［宋］林洪.山家清供[M].北京：华语出版社，2016.

［12］　［清］李渔.闲情偶寄[M].北京：中信出版社，2008.

［13］　汪曾祺.五味[M].济南：山东画报出版社，2005.

［14］　芙蓉何以入菜名[J].中国烹饪，1996（5）.

［15］　风味兰花菜[J].四川烹饪，1994（2）.

［16］　［明］宋诩.宋氏养生部[M].北京：中国商业出版社，1989.

［17］　石光华.我的川菜生活[M].西安：陕西师范大学出版社，2004.

［18］　胡廉泉、李朝亮口述，罗成章记录整理.细说川菜[M].成都：四川科技出版社，2008.

［19］ 车辐. 川菜杂谈 [M]. 上海：生活·读书·新知三联书店，2012.

［20］ 刘静. 近百年来巴蜀地区鱼肴变化史研究 [J]. 三峡大学学报（人文社会科学版），2018（40）.

［21］ 林洪德. 老成都食俗画 [M]. 成都：四川科技出版社，2004.

［22］ 杜福详、郭蕴辉. 中国名餐馆 [M]. 北京：中国旅游出版社，1982.

［23］ 席桌组合 [M]. 成都市饮食公司技术训练班，1964.

［24］ 四川菜谱 [M]. 四川省蔬菜水产饮食服务公司，1977.

［25］ 刘自华. 国宴大厨说川菜——四川饭店食闻轶事 [M]. 北京：当代中国出版社，2013.

［26］ 周密. 武林旧事 [M]. 北京：中华书局，2007.

［27］ 何国珍. 花卉入肴菜谱 [M]. 北京：中国食品出版社，1987.

［28］ 四川省志 [M]. 北京：方志出版社，2016.